1895

Impressions et Souvenirs

DEUX SŒURS JUMELLES EN VOYAGE.

M. M. P. V.

Société de Saint-Augustin.
Lille, Paris.

Impressions et Souvenirs.

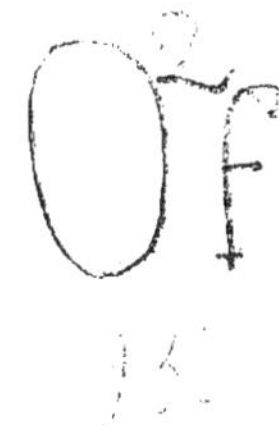

1895
Impressions et Souvenirs
DEUX SŒURS JUMELLES EN VOYAGE.
M. M. P. V.
Société de Saint-Augustin.
Lille, Paris.

Chapitre premier.

A BORD DU « SÉNÉGAL. »

Lundi 25 février.

Nous n'avons jamais quitté notre France, et nous voilà lancées, toutes fières de nos dix-huit ans, sur une mer capricieuse, vers un monde inconnu !

Comment, si jeunes et si inexpérimentées, défions-nous les flots en courroux ?

Comment, si faibles et si délicates, courons-nous au danger avec tant d'ardeur et d'amour ?

Comment ? demandez-le à nos cœurs. Suivez la marche du navire... L'ancre est levée. Déjà un nuage épais s'élève au-dessus des plus grands mâts. Nous cinglons à l'est... Vous voguons vers Jérusalem ! Jérusalem ! seul point du monde qui ne ressemble en rien aux autres, car Jérusalem a vu et entendu le Christ. C'est elle qui renferme le Cénacle, le Calvaire, le Saint-Sépulcre, tout près de la vallée de Josaphat et du mont de l'Ascension !

« O Jérusalem, terre sacrée, terre à jamais bénie, arrosée du sang de mon Bien-Aimé, que ma langue s'attache à mon palais si j'ai le malheur de t'oublier jamais. »

Le 12 février, nous avons quitté notre hameau, profitant des derniers instants du séjour en France de Mme Terme, la Supérieure Générale de Nazareth. Nous sommes à Oullins, dans cette magnifique maison des Dames de Nazareth, véritable ruche, où le moindre suc se transforme en précieux nectar.

Là, nous jouissons à fond du calme et de la paix dans une

vie cachée, entourées de vierges aimantes et vigilantes, dirigeant avec une sagesse infinie le troupeau qui leur est confié.

Dans la silencieuse chapelle aux voûtes ogivales, ou dans le pieux oratoire des enfants de Marie, nous prions avec confiance pour nos chers absents. Vivant à l'ombre, que dis-je, dans la demeure même du Saint des saints, tout près d'une cellule hantée par une âme virile, d'où rayonnent le calme, la force, la joie, nous sommes heureuses, oh ! oui, vraiment et solidement heureuses ; heureuses d'un bonheur que ne connaît point le philosophe superbe, qui se fait un dieu de sa raison, un appui d'une doctrine erronée où brillent confusément les mots et les idées ; heureuses d'un bonheur que ne peuvent comprendre certains chrétiens eux-mêmes, parce qu'ils n'en ont point ressenti l'inénarrable douceur. Peu nombreuses, en effet, sont les âmes qui ont joui, dans le même instant, de la satisfaction du cœur, de l'esprit et de la volonté. Nous avons été de ces privilégiées ; mais toute félicité ici-bas s'achève. Le jeudi 21, il faut partir.

Déjà la tourière est prévenue. Lentement nos malles s'achèvent, l'heure avance toujours.

Cependant... je n'ai point fait erreur : un coup de sifflet retentit, l'ancre a été levée. Déjà un nuage épais s'élève au dessus du plus grand mât... la machine gronde,... une légère ondulation incline notre navire, nous sommes en pleine mer. Est-ce un rêve ?

Non pas, mais les vents ont tourné... L'homme est fait pour la complète satisfaction de tout son être. S'il sent le bonheur lui échapper, ou bien il en fait complètement et généreusement le sacrifice, ou bien il s'y attache, reste là, anéanti, le regard tourné vers cette nuée éphémère qui s'enfuit impitoyablement, et prétend jouir encore, tant que cela se peut, sans blesser le devoir.

Nous fûmes de cette catégorie. La veille du départ, nous mettons notre confiance à tout hasard dans une idée survenue tout à coup et promptement exécutée : nous devions revenir le jeudi, le mercredi matin deux lettres partent. Papa est à Paris, maman à Donjeux.

Le 4 au soir une dépêche nous arrive...

Mme Terme la reçoit et nous fait appeler dans sa vaste cellule.

On nous prépare au sacrifice, et puis, enfin, nous lisons le télégramme : « Partez, et que DIEU vous garde. » Le sacrifice est bon, vive DIEU qui nous a exaucées !

Le jeudi 21, veille de l'embarquement, nous brûlons le pavé de Lyon, faisons les emplettes indispensables : un chamsillé (1), un fez. Le 22, à onze heures et demie du soir, nous prenons l'express pour Marseille.

MARSEILLE. — Nous arrivons à six heures du matin dans cette cité, agitée comme les gens qui l'habitent. Plus de neige, plus de frimas.

Nous prenons une petite chambre à l'Hôtel de Rome, car partout il fait bon d'avoir un pied-à-terre.

Nous traversons la place Belzunce, la rue de Rome, la rue Palue, nous nous rendons comme des habituées à la petite église de la Trinité, où nous assistons à la messe et avons le bonheur de communier. Cette église est pieuse, mais d'une simplicité dépourvue d'élégance.

Nous rentrons au logis, et puis, à l'agence, nous prenons nos billets et nous nous informons de notre navire. Il s'appelle le *Sénégal*. Le commandant est M. Nègre. Nous devons nous embarquer à quatre heures.

Encore six heures devant nous. Avant de monter à Notre-Dame de la Garde, nous cherchons, avec peine, un tramway qui doit nous mener presqu'en dehors de la ville, chez les Dames du Calvaire. Nous demandons au parloir une pauvre jeune fille, atteinte d'une maladie des os, que nous avons vue à Reims. C'est là, dans cet asile d'incurables, que les femmes de la ville les plus distinguées dépensent

1. Ombrelle orientale.

LES ASCENSEURS DE NOTRE-DAME DE LA GARDE.

sans compter et leur temps et leurs forces pour soulager, sinon, hélas ! pour guérir ces victimes de la justice ou de la providence de DIEU.

La France aura toujours soif de dévouement. A cela elle devra son salut. Elle a tant besoin de pardon!

Pour revenir, nous trouvons un tramway avec moins de difficultés. Nous passons près de l'église des Prémontrés. La façade est élancée. Cela semble être une grande et belle basilique ; mais, faute de temps, nous ne pouvons nous y arrêter.

Tout notre temps pendant les dernières heures va être employé à prier la Reine du Ciel là-haut, à Notre-Dame de la Garde, dont la silhouette blanche nous apparaît déjà dans un rayon de soleil.

L'ascenseur nous monte au sommet de la colline du Pradon. A chaque étage l'horizon s'étend, la vue s'agrandit ; nous amusons les voyageurs par nos exclamations de joie et notre admiration...

Tout en gravissant les larges degrés en pierre du sanctuaire vénéré, nous contemplons le panorama superbe qui s'offre à nos regards ravis. En avant c'est la mer calme, bleue, immense, le ciel azuré, le port de la Joliette animé par de nombreux vaisseaux, le vieux Marseille à droite, à gauche le nouveau et le Château d'Eau de Lonchamps. On se rend à peu près compte de la situation de la ville, construite sur les trois îles d'If, de Ratonneau et de Pomègue.

A peu de distance de la mer, nous apercevons la nouvelle cathédrale, qui ressemble fort avec ses nombreux dômes à une église russe.

Nous pénétrons dans le mystérieux sanctuaire où déjà se sont accomplis tant de merveilles, et supplions la Vierge Noire de nous protéger et de nous guider à travers ce monde oriental, si nouveau pour nous, dans lequel nous allons passer trois mois de notre vie.

Deux cierges vont brûler ce soir. Vierge Marie, veillez sur nous !

A trois heures, nous arrivons au grand dépôt des marchandises d'outre-mer, nous présentons nos passeports, nous faisons enregistrer nos malles, et le cœur un peu serré, nous nous dirigeons, sur une sorte de pont flottant en larges traverses, vers notre navire...

Lentement nous gravissons les échelons de la passerelle... Chaque pas en avant nous rapproche de l'Océan inconnu et nous éloigne de la France !

Encore un dernier retour, encore un frémissement de l'âme, encore un dernier adieu... « O doux zéphir, et vous, » beaux anges qui nous entendez, portez le souvenir de nos » cœurs aux âmes dont il faut s'éloigner,... dites-leur que » nous les aimons, ces parents, ces amies ; nous leur serons » toujours fidèles. Plus la séparation sera grande, plus notre » amour pour eux se développera... Il s'affirmera en s'éprou» vant. » En avant ! nous sommes engagées, ce qui a été décidé doit s'accomplir.

Le « Sénégal ».— Pour bien manœuvrer, il faut connaître son terrain... nous allons de tribord à bâbord, visitant, questionnant, souvent ensemble, parfois séparées. Nous nous rencontrons sur la terrasse des premières, large plate-forme élevée au-dessus de l'entre-pont. Aux jours calmes on doit être bien en cet endroit. L'ancre n'est pas levée. Appuyées sur un bastingage, nous regardons la mer et l'interrogeons. Elle promet d'être bien calme ce soir. Pas un mouton n'agite et ne blanchit sa surface plane et reposée...

Néanmoins, sur l'avis et plus encore à l'exemple de la Révérende Mère, le quatuor rémois s'étend sur ses couchettes. Chacun chez soi. Nous avons deux bonnes cabines de première, deux lits seulement dans chacune d'elles. Les débuts ne sont pas trop pénibles.

Les couchettes du *Sénégal*, deux planches soutenues par une baguette mobile, sont dures et étroites. Sur les navires autrichiens, elles sont également résistantes. Le *Khédivié*, bateau turc, est le seul vaisseau où nous ayons eu de bons sommiers à ressorts.

MARSEILLE. — NOTRE-DAME DE LA GARDE.

Nous sommes étendues... Il ne faut pas songer à se retourner dans ce tiroir, mais l'on peut craindre d'avoir quelques douleurs demain.

Nous aurons la consolation, si nous ne dormons pas, de veiller à l'électricité. Si un malheur advient, nous pouvons appeler rapidement le garde de nuit, au moyen d'un bouton.

Un coup de sifflet retentit ; un roulement infernal lui succède ; on monte les cordages, la machine gronde. Nous sommes aux premières loges pour entendre ce concert, jour et nuit, car les pistons sont à notre porte... Un balancement inclinant légèrement, très légèrement nos cabines, nous annonce que l'ancre est levée. Notre-Dame de la Garde, protégez-nous !

Adieu, France ! Le dernier signal est donné... Nous sommes lancées à toute vapeur !

Nous nous étudions en nous demandant si nous aurons le mal de mer.

Une heure, deux heures, trois heures se passent. Nous sommes blotties inanimées au fond de nos couchettes... L'épreuve commençant à prendre de la valeur, nous nous hasardons à lever la tête ! à remuer quelques membres, à dire une parole. « Sûrement, Magdeleine, nous ne serons pas malades. — Je ne crois pas, levons-nous... »

Déjà deux fois la femme de chambre, pleine d'anxiété, est venue nous dire que la mer est comme un lac. Tous les passagers sont debout, nous sommes seules aussi craintives, ce n'est pas ordinaire. Et si l'extraordinaire nous plaît, ma bonne, laissez-nous, je vous prie, agir à notre guise...

Qu'a-t-elle à venir nous harceler de la sorte ? qu'y a-t-il à voir ? Voici le nœud de la question... On va sonner le premier coup du dîner. Ah ! le dîner. La pauvre femme a peur, en nous voyant si peu alertes par un beau temps, d'être obligée toujours et toujours de nous apporter les repas ; voilà la raison de ses conseils importuns. Merci mille fois, Madame.

Mais debout ! on doit toujours essayer.

Nous sommes toutes les quatre en face l'une de l'autre, parlant peu, examinant davantage, mangeant autant que possible ; on bouge légèrement.

Il n'y a pas de Français en première, mais en revanche bon nombre d'Anglaises et d'Américaines, ladies ou misses.

Nous avons pour voisin un Américain ; il semble très distingué ; mais il paraît souffrir... Nous nous apercevons que seule sa main gauche est en mouvement. L'autre est soigneusement enveloppée dans un mouchoir de soie. Il se débat avec peine contre une côtelette rébarbative. La charité nous demande d'abréger ce pénible travail. Nous nous faisons un devoir de le servir et de l'aider. M. Georges se confond en remerciements et nous apprenons qu'il va au Caire pour se guérir « of the gout. »

La bienveillance et la bonté adoucissent toute souffrance.

Voulez-vous savoir notre menu ? Voici un échantillon de tous ceux qui nous seront donnés :

BEURRE BETTERAVE
CERVELAS
OLIVES
ALLUMETTES AUX ANCHOIS
ŒUFS BÉCHAMELLE
MERLANS FRITS
PIED ET GRAS DOUBLE AU JUS
COTELETTE AUX POMMES
GALANTINE DE VOLAILLE TRUFFÉE
HOLLANDE NEUFCHATEL
POIRES
ORANGES
MALAGA
CAFÉ — COGNAC.

La vie à bord est assez monotone. Nos deux compagnes sont presque toujours étendues ; nous passons de longues heures dans leur cabine, jouant, écrivant et parlant. Mais dans tout cela l'esprit est absent, les vagues nous secouent avec un *crescendo* accentué, et sans avoir le vrai, le cruel mal de mer, nous ne sommes pas en notre état normal.

Les jumelles montent souvent sur le pont, et là, se promenant de long en large, elles admirent l'infini de la mer, surveillent les mouettes, dont le plumage blanc apparaît et disparaît entre les vagues houleuses.

Le dimanche 24, après avoir eu le bonheur d'assister à deux messes dans une cabine de seconde, après avoir eu la joie de communier, nous saluons, à gauche du navire, la Sardaigne et à droite la Corse, nous passons le détroit de Bonifacio.

On aperçoit de hautes montagnes couvertes de neige, des rochers à pic, du sable et des galets. Déjà nous sommes heureuses de revoir la terre, longtemps nous la suivons du regard, et puis, les îles se perdent dans l'infini.

Le lendemain, après une nuit assez bonne et la messe des Pères, nous sommes toutes les quatre vaillamment sur le pont... Encore la terre ! nous apercevons la cîme fumante du Stromboli et l'île Riparia à notre gauche, à droite les groupes des îles Lipari, renommées pour leurs bons vins. Nous contemplons les montagnes couvertes de neige sur le versant desquelles nous finissons par distinguer un peu de verdure.

A dix heures, après le second repas et malgré un vent terrible, nous sommes sur la vedette. On aperçoit les côtes de l'Italie, les fameux monts de la Calabre ; nous arrivons rapidement au détroit de Messine, un des plus jolis sites du monde, au dire de nombreux voyageurs.

De gracieux villages apparaissent tout d'abord dans la Sicile ; enfin voilà Messine et son grand port. Les rues poudreuses semblent être larges, les constructions belles et régulières, c'est un petit Paris, avec la mer.

Nous voyons encore les hautes collines de la Calabre, la forme si prosaïque, mais si justement comparée de l'Italie, se dessine clairement à nos regards ; nous sommes en vue de

Panorama de Messine.

Reggio, l'extrémité ravissante de cette élégante chaussure. Cette ville est bien située, mais on s'occupe surtout de Messine. Il y a trop de brouillard aujourd'hui pour distinguer l'Etna. Hélas ! la mer est forte, nous sommes fatiguées. DIEU bénisse notre voyage !

Mardi 26 février et mercredi 27.

Même vie, la mer est de plus en plus agitée, les passagers sont causants et aimables.

La vue sur le pont est grave et monotone ; les vagues noires, le ciel gris, l'infini partout... La vie et l'animation, quand il y en a, se concentrent dans les cabines. Nous nous réunissons à nos chères compagnes, nous parlons, jouons un peu, rions beaucoup, absorbons moult biscuits, de l'élixir autant que faire se peut. Il faut chasser l'ennemi, c'est un combat d'un nouveau genre; jusqu'ici nous sommes toujours vainqueurs.

Nous serons demain matin devant Alexandrie. C'est à l'ordre du jour, aussi il y a fête sur le bateau ce soir. Bien que nous sautions déjà légèrement, on s'apprête à danser un peu plus sur le pont. Déjà les tentures tricolores sont drapées... déjà les premiers accords du clavecin se font entendre.

On frappe à la porte de notre cabine, une voix connue se fait entendre : « Don't you come upon the deck. » L'Américain, avec la politesse et la distinction anglaise, vient nous inviter à assister avec lui à ce concert.

... Nous le remercions, mais il tient abolument à nous donner le programme.

Nous reposons... Entr'ouvrant le sabord, nous apercevons les lumières qui brillent sur le pont, nous entendons hourras et bravos, rires et cadences, et les vagues houleuses s'élèvent caressant le vaisseau. Le regard plongé dans l'infini des ondes et l'infini des cieux, notre pensée s'élève vers l'infini divin.

Chapitre deuxième.

ALEXANDRIE.

Jeudi 28 février 1897.

La traversée touche à sa fin ; à dix heures cinq du matin, notre Révérende Mère a aperçu dans le lointain la côte africaine.

Ravies de nous sentir si près de la terre ferme, nous mettons vivement fin à notre toilette et montons sur le pont.

Voici le phare ; la côte se dessine, nous sommes en vue du premier port de l'Égypte.

A huit heures, par un temps superbe, un ciel d'azur, doré par les rayons d'un soleil digne de ces régions, nous entrons dans la jetée.

L'arrivée est imposante. A travers une forêt de mâts pavoisés aux couleurs de toutes les nations, nous distinguons les chantiers, les dômes et les minarets ; les hautes tiges des palmiers terminées par un bouquet de feuilles se montrent pour la première fois à nos regards étonnés.

Mais notre attention se concentre bientôt uniquement sur ces milliers de tuniques rouges, bleues, jaunes, blanches et roses qui s'agitent en tous sens. Égyptiens, Turcs, Arabes criant, gesticulant, sont là prêts à nous assaillir.

Le bouillonnement de la mer indique que le navire est amarré. La passerelle est jetée. L'ascension et la bousculade commencent : gare aux bagages ! Ces gens ne sourcillent pas. Ils s'emparent sans consentement des colis, les portent dans leurs barques et les déposent au hasard sur le quai.

Débrouillez-vous alors, si vous le pouvez, avec un être qui ne vous comprend pas.

DÉBARQUEMENT D'ALEXANDRIE.

Prévenues à temps, nous nous attachons aux pas d'un bon Père franciscain et c'est avec lui que nous mettons pied à terre.

« Arabaji ! arabaji ! » Cocher ! cocher ! Tant bien que mal, nous nous installons dans une petite américaine et « yallah ! » en avant !

Notre cocher, un bon nègre à tunique blanche, le tarbouch sur la tête, les pieds nus, posés sans façon sur le devant de la voiture, fait claquer son fouet ; ses deux petits chevaux nous conduisent avec une rapidité extraordinaire à Sainte-Catherine.

Cette église, desservie par les Pères franciscains, sert de paroisse. En Orient les moines remplacent, pour les Latins, le clergé séculier. Depuis très peu de temps, un séminaire a été fondé à Jérusalem, au patriarcat romain.

Un Égyptien, M. Hanoury, dont la femme est une ancienne élève du pensionnat des Dames de Nazareth de Beyrouth, vient à notre rencontre et nous conduit après la messe à un excellent hôtel suisse : l'Hôtel Abbat.

Le « ramsin », tout en nous amenant du désert une chaleur torride, ne nous a pas enlevé tout appétit. Le café au lait, additionné de tartines de beurre et de confiture de fraises, disparaît avec une effrayante rapidité.

Mais il ne faut pas perdre de temps, et nous allons visiter la cité.

Alexandrie, comme architecture, est presque une ville européenne.

Les rues sont larges et droites, les places publiques grandes et régulières. Les nombreux magasins anglais, français et italiens lui ôtent tout cachet oriental. Il nous faudra aller loin dans les faubourgs, pour trouver le sauvage Africain et sa hutte en terre.

Le nombre des habitants s'élève à près de 20.000, dont un quart est européen. Le centre de leur quartier est la place Méhémet-Ali.

Méhémet-Ali, le grand génie du pays, à qui l'Égypte doit l'extension de son commerce, les débuts de son industrie, les relations toujours plus importantes de ses ports, Méhémet-Ali trône ici en vainqueur sur son cheval de bronze. Tout Égyptien porte son souvenir dans le cœur.

Quand on a vu la place de ce héros, celle des Consuls et la colonne Pompée, érigée au IVe siècle par un préfet romain de ce nom, on connaît l'intérieur de la ville.

Après une longue visite chez les Jésuites, où nous admirons un immense collège et de superbes jardins, nous nous dirigeons chez Mesdemoiselles Diab, anciennes élèves de Nazareth.

Pour la première fois, il nous est donné de voir l'intérieur d'un salon meublé à la turque.

Nous nous approchons d'un divan en cretonne rouge et admirons les étagères, les tables rondes et les coffres en noyer verni, incrusté de nacre. De superbes tapis sont suspendus aux murs comme des tableaux.

... On nous offre le café d'usage. Je bénis les petites tasses, car il m'a fallu un grand effort pour boire le peu que j'en avais... Il n'y a pas de sucre, cela enlèverait au liquide son arôme. O futurs voyageurs de l'Orient, ne vous hasardez pas à chercher au fond de votre coupe lilliputienne un courant mielleux, vous vous exposeriez, comme moi, à absorber une pâte noire et amère ; c'est le marc. Africains et Asiatiques le servent toujours dans leur café.

Une voiture légère nous conduit à la colonne Pompée.

Nous traversons un des faubourgs, quartiers curieux où se poussent des enfants aux tuniques variées et traînantes. Des femmes accroupies sont là occupées à moudre ou à diviser des graines ; des chariots nous croisent, traînés par de magnifiques bœufs noirs entourés de colliers aux perles bleues et blanches. Les petits ânes blancs attendent patiemment leur maître, les yeux fixes, immobiles ; ils prennent un air de vie en dévorant une herbe fraîche, sorte de roseaux qui croissent au bord du Nil.

Souvent on les loue pour faire une course. Ils trottent vite, et le moukre auquel ils appartiennent court en avant, pour faire écarter les voitures et la foule en criant : Da rack ! da rack !... Gare à ton dos !

Enfin nous arrivons à cette colonne ; j'avoue qu'elle ne me fit aucune impression. Un immense monolithe, d'un granit rouge brun, s'élevant sur une large terrasse ensablée, voilà toute la merveille qu'il faut voir.

Un cimetière turc situé à cet endroit nous intéresse davantage. Les tombes uniformes sont bombées et plâtrées. Deux petites colonnes creuses en briques blanchies sont placées à chaque extrémité pour faire « respirer les morts »; toujours à cette intention, les cercueils ne sont jamais fermés.

Une troupe d'enfants nous harcèle criant : « Bakchiche ! » Nous leur répondons par des « la » (non) qui les font rire et redoubler d'instances.

Seul le chamsillé de la Rérérende Mère produit quelque effet ; à sa suite nous brandissons les nôtres avec énergie et regagnons précipitamment notre équipage.

Nous rentrons au centre de la ville et, après avoir visité les grands établissements des Lazaristes et des Franciscains, nous retournons à l'hôtel...

Il y a peu ou point de crépuscule en Orient ; les ombres de la nuit vous enveloppent presque instantanément.

La bonne Mère de Saint-François nous a retenues un peu longtemps. Il est six heures, nous avons congédié notre voiture ; nous devons nous diriger à pied dans cette obscurité.

De temps en temps, la lanterne d'un étalage nous éclaire et nous apercevons et frôlons des musulmanes voilées, qui regagnent précipitamment leur demeure.

Nous traversons un quartier encombré. Des échopes en bois se pressent l'une contre l'autre. Ici on négocie, on s'appelle, on crie, on court. Le bagage d'un âne effrayé vient s'abattre à nos pieds. Son maître le poursuit, l'accable de coups, tandis que les autres montures s'enfuient et s'égarent de tous côtés.

C'est le seul moment où tout le monde soit debout, aussi les rues sont-elles curieusement animées. Il nous semble traverser une vaste foire.

Nous arrivons à la place des Consuls. Voici le jardin, notre hôtel est en face. A gauche s'étend la grande rue de Civita Pacha. En ce lieu, si ce n'étaient les costumes étrangers que l'on coudoie, on se croirait volontiers rue de Rivoli. Les magasins, les objets d'étalage sont les mêmes.

Nous nous reposons doucement ensuite à l'ombre d'un palmier en attendant la famille Hanoury, un bon dîner et les couchettes de nos cabines. Le *Sénégal* doit abriter notre sommeil jusqu'à Beyrouth.

Les courses nocturnes qui nous ramènent au navire ne sont pas les moins agréables. Sentiments et poésie s'épanchent librement sous le voile et la fraîcheur des soirs d'Orient.

ALEXANDRIE, deuxième jour. — Ce matin, après avoir passé une nuit agitée, nous allons chez les Franciscaines entendre la messe.

Il fait une chaleur torride. Nous parcourons avec une amie tous les magasins, essayant de trouver des vêtements un peu plus légers que ceux apportés de France. Nous avons beaucoup de peine. Enfin nous revenons avec deux chemisettes, espérant compléter nos achats à Beyrouth...

Mais qu'allons-nous faire toute cette après-midi ?

Nous questionnons M. Hanoury, le frère aîné de nos amies. Il nous conseille d'aller visiter le temple grec schismatique.

Nous nous arrêtons devant un grand bâtiment en marbre sculpté. L'intérieur de cette basilique est extrêmement riche. Une série d'images représentant prophètes, apôtres et patriarches couvre les murs. Ces figures sont comme enchâssées dans l'or et l'argent.

Une série de stalles, faisant le tour de l'église, remplace, pour les hommes, les bancs et les chaises ; les femmes, pendant les offices, sont en haut dans des tribunes grillées.

Une sorte de palissade en bois sculpté sépare la nef du chœur, où sont trois autels.

Il est défendu aux fidèles de franchir cette enceinte. Mais devant chaque autel est une ouverture dissimulée par des tentures, en velours noir ou rouge, garnies d'argent. A certains moments on tire ces rideaux pour permettre au peuple de suivre la cérémonie.

On sonne les cloches.... Hommes, femmes et enfants se pressent.

La dévotion des Grecs schismatiques est tout extérieure. Aussitôt arrivé on se prosterne ; souvent on baise la terre. Un petit cierge en cire blanche ou rouge, orné de peintures, à la main, tous ils font le tour des images, s'arrêtant à chacune, et après les trois signes de croix de gauche à droite réglementaires, ils baisent avec un respect infini chacune des peintures.

Ils sont là debout, pleurant, gesticulant, et semblent ne pouvoir s'arracher de l'image qu'ils vénèrent. Enfin ils se retirent touchant les dalles, et portant ensuite la main à la bouche et au front.

Voici les prêtres avec leurs grands bonnets carrés et leurs tuniques à larges manches ; il nous semble voir des juges se promenant gravement dans une salle des Pas Perdus.

Mais les cloches accélèrent leurs appels ; la foule se presse, le rideau se lève. Nous nous retirons alors et dirigeons nos pas vers le superbe établissement des Frères de la Doctrine chrétienne. La chapelle est ornée tout nouvellement de superbes fresques. Nous descendons l'escalier d'honneur. Soudain, nous nous arrêtons, le mot *Reims*, la patrie si chère à nos cœurs, vient frapper et attirer nos regards. Sur une plaque de marbre blanc placée comme ex-voto, en arrière d'une Vierge de Lourdes, nous lisons en lettres d'or :

TÉMOIGNAGE DE RESPECT ET DE RECONNAISSANCE
EN MÉMOIRE DU PASSAGE
DE L'ILLUSTRISSIME ET ÉMINENTISSIME
CARDINAL LANGÉNIEUX

ARCHEVÊQUE DE REIMS ET LÉGAT DU PAPE EN NOTRE MAISON D'ALEXANDRIE.

MAI 1893.

En voyant notre joie le cher Frère se retourne, et, les yeux mouillés de larmes, il nous rappelle en quelques mots les fêtes de ce jour.

Son cœur en disait plus, nous l'avons deviné, sachant ce que peut faire naître dans l'âme le souvenir des bienfaits du plus cher d'entre les fils de Léon XIII !

Samedi 2 mars.

ALEXANDRIE, troisième jour. — *Excursion à Rhamé.* — *Départ.* — A dix heures du matin deux voitures doivent nous conduire avec M. et Mme Mackshoud et Mlle Hanoury à la plage de Rhamé, située à 4 heures d'Alexandrie.

Il fait un temps superbe ; la promenade est charmante.

Nous traversons la rue Chériff, puis une belle avenue : le boulevard de la ville, où se dressent majestueusement de somptueux hôtels.

Nos chevaux vont vite, nous gagnons bientôt la campagne. Des Bédouins nous croisent avec leurs chameaux et leurs bagages. D'autres sont campés et déploient leurs tentes rapiécées.

Des figuiers..... çà et là une haie de cactus géants, bordent la route.

Nous remarquons des plants de marguerites, véritables arbustes aux fleurs éclatantes.

Les palmiers sont les arbres ordinaires.

« Chouai..., chouai... arabaji, » Arrête, arrête, cocher. Mlle Hanoury se penche, tirant la veste de l'Égyptien.

Nous sommes à Rhamé.

Courant sur le sable fin d'un beau jardin anglais, nous arrivons au Casino. Amis du directeur, les Mackshoud

UN CAMPEMENT BÉDOUIN.

sont ici comme chez eux. Nous traversons les salles grandes et vides, et nous voilà, comme par enchantement, sur une plage superbe... Tout le « high-life » d'Égypte vient à la belle saison se rafraîchir à cet endroit dans l'eau bleue de la Méditerranée.

La mer est furieuse aujourd'hui ; les vagues viennent déferler à nos pieds avec un fracas terrible.

Ce spectacle est magnifique, mais peu rassurant pour les pauvres voyageuses qui, coûte que coûte, devront s'embarquer ce soir.

Tout à coup une pluie salée, douche formidable, vient s'abattre sur nous... Trempées, nous reculons vivement, et nous nous installons dans un petit salon, pour ne plus nous exposer inutilement à cette mer en furie.

Un piano..., de la musique..., cela est bien tentant. Il ne faudra pas dire que nos doigts se sont rouillés au contact de la terre d'Égypte.

« Vite, les jumelles, jouez quelque chose. »

A tout hasard nous ouvrons un Don Juan, et nos mains voltigent sur le clavier...

Après avoir pris de l'excellente bière à la santé des aimables hôtes qui nous ont offert cette jolie promenade, nous quittons Rhamé et sautons en voiture, après avoir jeté un long regard sur la mer houleuse.

Alexandrie !... Nous avons faim, et faisons grandement honneur au repas de l'hôtel Abbat.

Il est trois heures, nous nous dirigeons vers le port. Une heure suffit à peine pour les tendres adieux ! Enfin la machine siffle, M. et Mme Mackshoud, M. Edmond et Mlle Hanoury se retirent. Demain matin nous serons à Port-Saïd.

Chapitre troisième.

LE « SÉNÉGAL ». — PORT-SAID. — EN MER.

DÉSIREUSES de contempler le départ, nous nous efforçons d'être braves et demeurons à l'entre-pont.

Petit à petit, les minarets, le palais khédivial disparaissent. Nous apercevons encore, pendant quelques instants, le phare, les nombreux moulins qui bordent la côte, puis tout se perd dans l'infini, et nous nous retrouvons encore seules, en face de nous-mêmes et de l'immensité des flots.

Nous saluons une dernière fois Alexandrie, avec l'espoir d'une nouvelle étape au retour.

Le vent souffle, les vagues s'enflent. Installées toutes les quatre à l'avant, sur la rotonde, nous songeons tristement que nous allons être bientôt clouées là, dans l'impossibilité de bouger...

Nous passons successivement d'un fort roulis à un terrible tangage. Le ciel est noir, la mer jaune ; la situation devient critique.

Des passagers, pris au dépourvu, déroulent dans l'escalier...

Une des nôtres est malade ; il faut à tout prix descendre ! Mais comment ? On peut à peine se tenir debout...

Enfin, un brave marin vient à notre secours... Nous soutenant les unes les autres, accrochées à la vareuse de maître Pierre, nous regagnons nos cabines plus mortes que vives.

Nous nous jetons sur nos couchettes, sans songer à retirer nos vêtements. Nous soupirons, satisfaites de nous trouver là, enfin !

La nuit vient, terrible, effrayante ; on ferme hermétiquement les sabords. L'eau monte et balaie le pont.

Nous ne pouvons fermer l'œil : aux craquements du navire succèdent les éclats de la vaisselle qui tombe.

La table de toilette s'ouvre avec fracas : brocs et seaux sont à l'autre bout de la cabine. Survient un violent roulis qui les ramène à leur première place... Ma main défaillante met fin à ces dangereux déplacements, qui recommencent, hélas ! une heure après.

Une toux trop significative se fait entendre dans le voisinage.

Ah ! que nous souffrons, ballottées sur nos couchettes !.. A peine apercevons-nous nos pieds au plafond que nos têtes les remplacent déjà.

Le bruit du vent et de la tempête n'est point fait pour nous rassurer ; volontiers nous retournerions à nos berceaux. Lorsque nous avions peur du loup, une douce voix nous répondait. Ici, nos plaintes sont étouffées par l'objet même de notre frayeur.

Détachant les bouchons, nous les glissons à notre chevet, et, les mains jointes, nous implorons saint Christophe. Une voix, qui s'efforce d'être brave, répond : Priez, priez pour nous !

Les minutes semblent être des heures ! Cependant, elles passent, elles passent sans apporter aucun soulagement.

Port-Saïd. — Il est six heures du matin. Après avoir sommeillé un quart d'heure, juste assez pour ne pas nous apercevoir de l'instant où l'ancre fut jetée, nous nous levons, mais c'est avec peine : tous nos membres sont engourdis.

Le navire n'aborde pas à quai ; nous louons une barque ; cinq minutes après nous sommes à terre.

Port-Saïd n'est pas digne de remarque ; aucun voyageur ne voudrait y séjourner. Sa position seule rend cette ville importante.

Les rues sont larges, mais sablonneuses et malpropres.

PORT-SAID. — EGLISE DES R. R. P. P. FRANCISCAINS ET SQUARE DE LESSEPS.

La plupart des constructions sont en bois. Une sorte de balcon recouvert entoure l'étage supérieur des maisons.

On voit d'assez jolis magasins de chinoiseries et d'objets égyptiens.

Un instant nous voulûmes acheter nos chapeaux de soleil à Port-Saïd, mais tous ceux qui nous furent présentés dataient de l'année précédente, et avaient recueilli consciencieusement toute la poussière de l'été. Ils n'eurent donc point le talent de nous plaire, et, encore une fois, nous remîmes l'achat à Beyrouth... Peut-être, dans cette grande cité, les modes parisiennes nous auront-elles devancées.

Après la messe, entendue pieusement à Sainte-Catherine, église latine desservie par les Franciscains, nous fûmes invitées à déjeuner chez un indigène, frère d'une Sœur converse de Beyrouth.

Voici le menu :

Œufs détestables, thé, pain, beurre, oranges, poires médiocres ; enfin, pour compléter, café arabe.

La vie est difficile et chère à Port-Saïd, car on est obligé de tout faire venir de loin.

Nous quittons un instant le salon oriental, où trône la maîtresse de maison, étincelante de bijouterie, couverte d'onguents et de parfums. Nous sommes sur le balcon. A gauche on aperçoit le grand lac Mengali, où se jette une des bouches du Nil ; à droite, s'étend à perte de vue le canal de Suez.

Nous quittons la ville ensablée à dix heures, pour aller dîner plus sérieusement sur le *Sénégal.*

Après nous être promenées quelque temps sur le pont, nous nous asseyons sur la rotonde ; le regard fixé sur les flots, nous suivons les nombreux vaisseaux qui arrivent de toutes parts.

Tout à coup nous voyons se former un groupe de protestants.

Ils se tournent, s'approchent, regardant notre place avec envie...

Après une certaine hésitation, un de leurs ministres vient

nous demander si nous ne voulons pas chanter l'office avec eux.

Nous le remercions poliment, et sans bouger nous restons là, curieuses de voir ce qui va se passer.

Les uns assis, les autres debout, ils sont là une trentaine ; leur tenue à tous est très correcte, ils semblent fort recueillis.

Les ministres présents lisent des psaumes en anglais. Les fidèles reprennent en chœur la dernière strophe.

On a parlé de Jonas, de Jaffa, l'ancienne Joppé où nous serons demain. Puis tous ont chanté le *Te Deum*, et le pasteur a terminé l'office en les exhortant à prier pour les pauvres catholiques ! que le Ciel les éclaire !...

Les catholiques présents ont fait la même demande pour eux.

A deux heures et demie arrive l'Égyptien, notre cicérone. Ce n'est pas sans hésitation que nous nous préparons à descendre à terre... Enfin le côté surnaturel l'emporte, et nous nous décidons à sauter dans la barque pour assister aux vêpres chez les Franciscains.

C'est un dimanche. L'office est solennel, nous assistons au chemin de croix et au salut.... Quelle cohue !... quel tapage ! Si ce n'étaient les autels, on se croirait dans une foire ! Les femmes aux tuniques éclatantes s'agitent et se pressent, tirant, poussant des enfants en guenilles...; çà et là quelques Européens, ici une Anglaise en tenue de campagne,un chasse-mouches à la main ; tous les bibelots indispensables au « comfort » britannique pendus à la ceinture ; un grand sac en cuir rouge complète cet accoutrement...

Ce mouvement, cette foule cosmopolite bruyante portent à penser à toute autre chose qu'au bon Dieu. Cependant la foi est simple et semble n'être pas uniquement extérieure.

Les Latins, la plupart jeunes néophytes, sont pieux et fervents. Baiser les tables de communion et prier les bras en croix sont choses ordinaires.

Le morceau de sortie, véritable farandole, exécuté sur un orgue criard, est accompagné au dehors par des cris et des pétards..... Nous parvenons enfin à sortir de la tourmente et regagnons avec joie le *Sénégal.*

Mlle Monge, fille du précédent consul de Caïpha, ancienne élève des Dames de Nazareth de Beyrouth; nous accompagne. Elle passera la soirée avec nous.

Le capitaine, auprès de qui nous avons le plaisir de dîner, avait eu l'heureuse idée de ne commander le départ qu'à huit heures.

Nous eûmes donc le temps de nous rendre à son invitation et de préparer nos couchettes — Un changement s'est opéré dans nos cabines. Les passagers étant fort nombreux de Port-Saïd à Jaffa, on a doublé les lits.

L'étage supérieur est dressé, nous héritons de deux Anglaises.

Nous ne les laissons pas envahir les deux chambrettes, mais les installons dans la même.

Mathilde aura le bonheur de reposer ce soir près de nos mères, et Magdeleine se consolera en examinant les nouvelles venues.

Devant Jaffa. — La nuit a été bonne et la mer calme..... L'exilée s'est bien divertie avec ses compagnes.....

Miss Brum, grande, mince, efflanquée, ornée d'un long nez et d'un menton pointu, est presque ankylosée par cinquante-cinq ans d'aventures. Sa jeune compagne jouit de sa protection, et l'aide à se mouvoir. Rien ne les arrête. Elles reviennent de l'Australie, ont passé au Japon et en Chine, et ont stationné dans les Indes ; le canal de Suez les a menées à Port-Saïd. Aujourd'hui elles descendent à Jaffa et prendront à une heure le train pour Jérusalem.

L'ancre est jetée, nous sommes devant l'ancienne Joppé.

Le port est étroit, à demi ensablé, et entouré d'énormes récifs. Il est impossible aux grands vaisseaux d'y aborder. Nous stoppons en pleine mer. Des barques viendront chercher les passagers.

L'air est pur, la cité se dessine nettement, appuyée sur

une colline de sable jaune..... La côte est plate. Il n'y a pas d'arbres, peu ou point de verdure ; nous nous attendions à mieux. De l'avis de tous, l'intérieur de la ville offre un aspect sombre et misérable. Les bazars sont obscurs, les rues sales et encombrées ; la vue de la mer est la plus agréable ; nous nous y tenons, le moment n'étant pas venu pour nous de voler à Jérusalem.

Jaffa est la clef de la Terre-Sainte ; les pèlerins y abondent plus que jamais ; ils sont nombreux aujourd'hui.

Nous examinons sur le pont la périlleuse descente.

Une nuée de Turcs, aux larges culottes blanches, les pieds nus, le tarbouch en arrière, debout sur leurs canots, s'efforcent d'attirer les clients. Leur bruyant et dur langage est heureusement accompagné d'une pantomime expressive. Ils se précipitent en hurlant sur l'échelle, saisissant tout ce qu'ils peuvent approcher : enfants, bagages, ladies. Si l'on n'avait pas été prévenu, on ne saurait que conjecturer d'une semblable audace.

Enfin le calme se fait ; tout est jeté pêle-mêle dans la barque. Heureusement tout y est, et c'est là l'important.

Cette agitation de l'homme devant le silence majestueux du ciel et des flots offre un contraste frappant.

La grandeur de Dieu et la faiblesse de l'homme sont encore une fois mises en parallèle... C'est la réflexion méditée et comprise du moment.

BEYROUTH.

Mardi, 5 mars.

A six heures du matin nous sommes devant Beyrouth ; la nuit a été bonne, la mer est d'huile. Les cœurs sont contents, ils retrouvent une patrie.

Cette fois, l'imagination des jumelles est satisfaite. La beauté du paysage les ravit et dépasse ce qu'elles attendaient.

A gauche du navire s'élèvent les hautes montagnes du Liban. On aperçoit les croupes neigeuses du Djebel-Samin et du Kéneisé déchirées par de profondes crevasses.

Ah ! chères Pyrénées, nous trouvons donc des hauteurs qui vous rappellent ? Mathilde, avec des gestes emphatiques, salue ces cimes majestueuses. La douce brise du matin et les vagues onduleuses emportent l'improvisation du poète.... Ces dames sourient à notre joie..... Un vieux Turc, radieux, fait un signe et du geste et des yeux... Il est content... c'est de son pays qu'on parle.

Beyrouth s'étend sur la côte à une grande surface, puis elle s'élève sur le versant d'une colline et semble ne point finir. La mer l'entoure de trois côtés.

La première chose cherchée et des yeux et du cœur, est Nazareth. Nous apercevons la grande maison dominant la colline Saint-Dimitri ; les murs, semblables à ceux d'un château-fort, sont crénelés. Des galeries ouvertes en ogive font le tour des bâtiments. Nazareth ! c'est là que des vierges pures dépensent loin de leur patrie et de leurs familles, et leur temps, et leurs forces, aux soins des enfants indigènes.

La tâche est difficile, souvent ingrate, mais l'apostolat est considérable, le bien réel. Cela suffit à ces cœurs avides de dévouement et de sacrifice.

Voici le port construit par les Français en 1889. Les proportions ont été mal prises. Pour nos ingénieurs, c'est impardonnable... L'entrée est étroite, dangereuse par conséquent pour les grands bâtiments. Comme à Jaffa, nous stoppons en mer, des barques viennent nous chercher.

Voici la nôtre. Mme Deschamps, mère de l'ex-supérieure de Beyrouth, vient à notre rencontre, et M. Bechara, le père d'une ancienne élève, veut bien se charger de veiller sur nos bagages et de les faire passer à la douane.

Le débarquement s'opère sans encombre.

Nous traversons un couloir sale et étroit. On nous prend nos valises. En avant se dresse une grille... C'est là que le pauvre voyageur voit ses malles et ses paquets bouleversés, piétinés par une nuée de Turcs. Il faut défendre chaque objet pied à pied, et on s'expose à beaucoup d'ennuis quand on a oublié le « Backchiche » fascinateur.

Le mieux est d'avoir un excellent ami comme M. Bechara pour vous tirer d'affaire.

Nous montons en voiture.

Rapides comme l'éclair, nos bons petits chevaux traversent les rues encombrées, escaladent les hauteurs... Encore une côte bordée par une haie d'oliviers et de cactus, et nous sommes devant le cher Nazareth.

Des petites filles à l'air radieux, aux tuniques éclatantes, agitent des clochettes, groupées sous le perron de l'école. On salue la grande « Rhaïsé » !

Mais, nous voici en haut de la colline. La lourde porte roule sur ses gonds ; nous sommes au pensionnat, dans ce magnifique bâtiment que nous apercevions du *Sénégal*.

La supérieure, Mme Allibe, et l'assistante, Mlle Desrayaud, jadis notre maîtresse générale à Reims, nous conduisent à la chapelle. Les cloches résonnent joyeusement. Nous avons le bonheur d'assister à la messe, puis on nous conduit au parloir. Nous faisons grandement honneur au repas qui nous est préparé.

Nous parcourons les corridors ; ces arcades à jours sont si hautes et si larges, l'air si pur, les murs si blancs, qu'il nous semble être dans un palais de glace.

Après avoir traversé plusieurs pièces dallées en marbre non poli, le plancher de l'Orient, nous courons au jardin.

Orangers, citronniers, mandariniers, cédratiers, courbent vers nous leurs branches à fruits d'or. La feuille de l'amandier s'unit à celle du pistachier. De superbes palmiers, le musa géant, élèvent vers les cieux leur verdoyante parure.

Nous sommes en hiver. Malgré les pluies, cyclamens, giroflées, anémones, pâquerettes et coquelicots n'ont rien perdu de leur éclat ; le sol est jonché de fleurs.

Du maïs !... Non, ce sont des cannes à sucre. Le feuillage est le même, et le jardinier, pour nous convaincre, tire sa serpette et nous offre en lamelles très minces le cœur de la tige qu'il vient de couper.

Mon rêve de petite fille, tenir et goûter une canne à sucre, s'est réalisé. Illusion que ce rêve, ce n'est point un sirop parfumé qui coule sur nos lèvres,... mais un jus fade et insipide, sorte d'eau sucrée vieillie.

Mercredi, 6.

BEYROUTH. — La petite caravane n'est pas encore remise des fatigues de la traversée. Il lui faudra longtemps pour se rétablir complètement !

Du haut de la terrasse, nous contemplerons aujourd'hui la magnifique forêt de pins, une des splendeurs de Beyrouth, la mer et les collines de sable mordoré : tout est nouveau pour nous et tout est superbe.

Jeudi, 7

BEYROUTH. — La bonne Mme Deschamps pour mentor,

nous allons visiter les établissements immenses des Pères jésuites.

Nous sommes à pied et traversons pour nous y rendre un des quartiers les plus commerçants de la cité.

Ici, Turcs Syriens et Arabes sont installés en de petites remises, qui leur servent d'échoppes.

Les uns ont un étalage et nous offrent aimablement l'objet de leur négoce, bonbons fins, pistaches cristallisées, pois chiches, amandes, oranges et cannes à sucre.

Les autres, les charpentiers, comme autrefois saint Joseph, travaillent le bois en leurs ateliers ouverts.

Les ouvriers de cette industrie et les dévideurs de soie sont très nombreux à Beyrouth.

Parlons un peu de ces derniers, car nous en rencontrons beaucoup sur notre chemin.

Souvent assis à l'ombre de leurs nombreux et florissants mûriers, ils embobinent un écheveau de soie fixé au point culminant de leurs deux pieds ; ou bien, d'un arbre à l'autre et le long d'un mur, ils assouplissent les fils, en les roulant entre leurs doigts.

Nous voyons de grandes et belles maisons aux fenêtres trilobées défendues contre l'humidité par une couche de peinture bleue, rose ou jaune. Ces couleurs donnent aux murailles un joli aspect.

Ces quartiers extrêmes ne ressemblent point à nos faubourgs. Très propres, relativement ordonnés, je les crois mieux tenus que les autres points de la cité. Ils sont d'ailleurs moins peuplés et beaucoup moins bruyants.

Nous arrivons au collège, et demandons le Père Eddé, supérieur.

Un indigène lui passe notre carte.

On nous conduit au parloir, le Père ministre est appelé.

Guidées par ce Père, nous visitons toute la maison : immenses dortoirs, réfectoires, classes, salles de physique, oratoires, etc.

Enfin le Père Cret (c'est le nom de notre cicérone) nous

conduit à la fameuse imprimerie arabe et française fondée et dirigée par les Jésuites.

Le Frère surveillant nous en découvre tous les ressorts.

On fabrique ici tous les matériaux dont on fait usage : depuis le papier et les cartons jusqu'aux lettres d'acier qui vont imprimer dans les deux langues livres et journaux.

L'immense collège des Pères comprend, outre un nombreux pensionnat, un séminaire maronite et un externat de futurs moines. Des élèves de toutes les nations se préparent ici à toutes les écoles, plus de quatorze langues sont enseignées!...

Combien DIEU bénit cet apostolat ! quelle puissance !

Osera-t-on nier encore le pouvoir totalement civilisateur et régénérateur de l'enseignement chrétien ?

Vendredi 8.

BEYROUTH. — Ce matin, après nous être longuement reposées, nous nous rendons à l'école.

Nous réclamons l'honneur de faire une classe, on accède à ce désir.

Mais l'ardeur des nouvelles maîtresses se refroidit bientôt devant ces filles du désert qui, les yeux grands ouverts, une exclamation sur les lèvres, écoutent sans comprendre les plus longues explications.....

Nous descendons chez les petites. Images et chocolat les font parler. On nous remercie à l'arabe et à la française. Quelques-unes nous disent leur nom. Il y a de nombreuses « Affifé », ce qui signifie *chaste*, plusieurs « Faridé », *unique*, des « Chams », *soleil*, enfin des « Beautés ». Ces dernières ne justifient pas toujours leur nom.

A une heure nous montons en voiture avec Madame Desçhamps, nous allons rendre visite aux Morel.

Monsieur et Madame Morel sont Français, voyageurs experts, un peu fantasques. Ils ont tout vu, depuis les savanes du Nouveau Monde jusqu'aux sables brûlants du désert asiatique.

Beyrouth leur a plu, ils ont construit une villa à l'ombre de ses pins.

Ce bâtiment est étrange. Tout s'y rapporte au triangle, l'escalier et ses marches, les fenêtres et les volets, l'ameublement ; tables, chaises, plateaux, mosaïques et jusqu'à la niche du chien, tout emprunte à la géométrie cette figure première.

Ici on n'a point cherché à adoucir les angles, on les a fait ressortir et comme exploités....; malheureusement ces pointes fines et élancées ont la propriété d'attirer la foudre : le feu du ciel est tombé à l'extrémité d'un chapiteau ; un des porches a été détruit.

Un superbe escalier en marbre est adossé à la façade et monte jusqu'au premier étage. On a emprunté cette mode au luxe oriental ; de même aussi, le divan et la cour, les salles de réception, sont écrasées d'ornements. Les autres pièces, aux grands murs froids et nus, sont presque misérables.

Nous parcourons le jardin. Le sol est excellent et la végétation exubérante.

Eucalyptus, mimosas géants, yuccas, bambous, bananiers rivalisent avec le stipe des palmiers et la tige des cèdres, derniers vestiges de ceux du Liban. Ils s'unissent dans cet éden avec les parfums de l'oranger en fleur et des buissons d'héliotrope pour charmer et illusionner nos esprits enthousiasmés.

Soudain la musique du Liban fait entendre ses premiers et harmonieux accords ; ce n'est plus de l'enchantement,c'est presque du délire qui nous émeut et nous passionne....

Tous les vendredis il y a concert aux Pins. Ce jour-là les brillantes « carrossas » parcourent lentement les sombres allées, et leurs élégantes maîtresses, fardées en conséquence, parées de leurs plus beaux atours, étalent et leurs parfums et leurs toilettes.

Souvent le pacha est présent ; il se retire sous un kiosque avec quelques officiers.

Nous avons la bonne fortune de l'apercevoir aujourd'hui. Son extérieur n'a rien de princier.

Après avoir entendu deux morceaux fort bien exécutés nous nous retirons, emportant de cette singulière maison : cannes à sucre, oranges et bouquets de fleurs.

C'est une grande joie pour nous de rentrer à Nazareth. Là nous nous délassons. Les ennuis s'oublient, les fatigues se réparent. Ah ! qu'il est bon dans l'exil des contrées lointaines de retrouver un visage connu, un cœur compris, aimé, respecté ! C'est la patrie, c'est une ombre de la famille et un encouragement.

La Révérende Mère est invisible ce soir ; tristement nous remontons le couloir, descendons le grand escalier. Il faut s'endormir sans un baiser.

Jeudi 14 mars.

Beyrouth. — Rosa Bechara, charmante jeune fille, ancienne élève de Nazareth, toute Française par le cœur, vient nous chercher à une heure un quart avec sa voiture et un superbe cawass.

Nous devons nous rendre par Raz-Beyrouth à la grotte dite « des Pigeons » et au phare.

Il fait un temps superbe, la promenade est ravissante.

Causant et riant, insouciantes et gaies, nous nous abandonnons à nos rapides coursiers.

Voici le débarcadère. La mer calme est d'un bleu argenté, presque féerique. L'ombre des montagnes blanches se projette sur la surface miroitante qui vient s'abattre en paillettes d'or sur les récifs que nous côtoyons.

Voici le phare. Vite, nous sautons sur la grève, laissant l'équipage, et, courant de rocher en rocher, franchissons baies et vallons ; nous sommes à la recherche de la grotte des Pigeons.

Vingt fois un joyeux appel retentit dans les airs : « La voilà.... ! » mais l'illusion est aussi forte que le mirage des déserts. Rosa en a vu la peinture, ce n'est pas cela.

Tout à coup en arrière d'un haut récif, l'entrée d'une caverne profonde nous apparaît, les flots y pénètrent librement. « La voici ! » Oui, la voici, c'est bien cela, répond le jeune mentor inspiré ; ne se croirait-on pas à Capri ?

Grotte de Capri, grotte d'azur, oui, voilà bien les mêmes flots, les mêmes reflets, la même beauté.

Toutes fières de notre découverte, nous la contemplons, et contemplons encore sans pouvoir nous en arracher.

Nous sommes toujours là... Le temps passe, il se fait tard, la sagesse nous conseille de revenir sur nos pas si nous voulons monter au phare.

Les instants en si aimable compagnie et en si beaux lieux s'enfuient toujours trop vite..... et c'est en le déplorant que nous escaladons les 173 marches du phare de Beyrouth.

Ouf ! nous arrivons au plus haut point. Ici se tient le veilleur nuit et jour, à l'ombre d'un amalgame de formidables lentilles.

Il s'agit maintenant de passer par ce soupirail pour arriver à la platc forme extérieure.

Nous considérons et nos tailles et l'ouverture avec effroi. La disproportion est réelle.

Un citoyen français ne doit jamais reculer... une, deux, trois, du courage ! à plat ventre ! nous y sommes !

Tant pis pour nos chapeaux ; quant aux fortes personnes il n'y faut pas songer. Elles sortiraient de là comme d'un laminoir.

Nous sommes éblouies... jamais panorama si grandiose ne s'est offert à nos regards.

Au Nord, la côte dont nous venons d'admirer les écueils s'étend indéfiniment, nous distingons Saïda, l'ancienne Sidon ; les premières constructions blanchies paraissent baignées dans les flots.

A l'Est, s'élèvent les gigantesques montagnes du Liban, rougies par les teintes fuyantes d'un soleil couchant. En bas, nous voyons les gracieuses villas de Raz-Beyrouth ; des ombres noires se glissent sur la terrasse et rappellent que ce ne sont pas des ruines.

A l'Ouest et au Sud, si profondément que l'œil peut fouiller, on ne voit que la mer, la mer toujours irritée, toujours superbe ; semblable à l'aimant, elle attire et fascine.

Que tout cela est beau ! que DIEU est grand ! voilà l'éternel refrain.

On voudrait avoir une intelligence, un esprit, une mémoire infinis pour saisir, comprendre et ne jamais oublier l'infini des merveilles qui se déroulent tout à l'entour.

Si la réalité est si belle ici-bas, que sera-ce que l'idéal divin ?

Toute une vie d'observation continuelle ne suffirait pas à découvrir et à dévoiler les mystérieux ressorts, les beautés de détail de ce sublime horizon de la nature... Toute une éternité de contemplation sera trop courte pour saisir et goûter la puissance, la bonté, la sagesse, la grandeur infinie d'un DIEU infini !

Avant de rentrer au logis, nous nous arrêtons avec Rosa devant la demeure, vraiment royale, du comte Poniatowski.

Ce Polonais habitait ce palais quinze jours tous les quatre ans. Il vient, tout dernièrement, d'en faire don à son concierge, et lui garantit, de plus, une somme annuelle de deux mille francs.

D'un geste patriarcal, l'heureux propriétaire commande à son fils de nous accompagner partout où il nous plaira de nous rendre.

Nous admirons surtout les divans et la cour.

Des tapis turcs, dignes des plus belles mosquées, couvrent les murs et les dalles de marbre. Des glaces miroitent de tous côtés.

Deux jets d'eau, entourés de bassins en porphyre, rafraîchissent les salles.

Portes, meubles, fenêtres sont en bois de Damas, incrustés de nacre et d'ivoire.

Tout est à l'orientale. La salle à manger, seule, diffère :

elle est installée à la russe. Une Vierge émaillée occupe la place d'honneur, au milieu de la sévère garniture de cette chambre européanisée.

Nous passons devant la maison de M. et Mme Bechara. Rosa descend.

Un somptueux goûter nous a été préparé.

Thé, vins extra, gâteaux, il faut tout accepter.

Enfin, nous levons la trop aimable séance et regagnons la voiture, chargées d'inoubliables souvenirs et couvertes, par notre amie, de violettes et de fleurs d'oranger.

Chapitre cinquième.

ÇÀ ET LÀ.

BEYROUTH est une grande ville sans en avoir le caractère. Depuis les massacres du Liban, elle compte 100.000 habitants ; 2000 sont Européens. Après Damas, c'est la ville la plus commerçante de la Syrie. Les chrétiens y sont adroits et industrieux.

Les noms des rues et les nos ne sont pas indiqués, ce qui est une grande gêne pour les voyageurs.

Comme la plupart des cités d'Orient, Beyrouth est divisée en quartiers.

Nazareth domine le quartier turc. Plus loin, voilà le quartier grec, le quartier chrétien, celui des consuls, puis le quartier juif.

Le centre de la ville est la place des Canons. La route de Damas, chemin que prend tous les jours la diligence, y aboutit.

Les rues sont larges, mais poudreuses : chevaux, mulets, ânes, dromadaires y circulent constamment et croisent les élégantes victorias des bureaux de péage.

Tous les hommes, soldats y compris, portent le tarbouch; les pauvres se contentent du « taqui », sorte de toque blanche ou grise.

On rencontre peu de femmes. Vers le soir, cependant, une musulmane voilée se glisse, parfois, dans un carrefour.

Les chrétiennes sont revêtues et entièrement drapées de l'isar blanc ; les plus malheureuses n'ont qu'une tunique, retenue à la ceinture par quelque lambeau de toile. Toutes portent sur la tête une petite pièce d'étoffe garnie de l'« oya », dentelle en soie ou en fil que toute Syrienne sait broder.

Le ciel, toujours éclatant, est d'un bleu foncé et pur. Le soir on découvre des milliers d'étoiles à l'horizon. Volontiers on passerait la nuit en contemplation sur les terrasses.

Mais ceci serait fort imprudent, puisque toutes les ophthalmies, très fréquentes en Orient, proviennent de la fraîcheur d'une nuit affrontée imprudemment au dehors.

Vendredi, 15 mars.

Les anciennes de Nazareth viennent souvent nous voir. Il n'y a pas de jour où nous ne sortions avec l'une d'entre elles.

Aujourd'hui, Mme Pierre Laurella et ses deux sœurs, Rosa et Faridé Eddé, nous ont invitées à déjeuner.

On nous a servi tout d'abord du caviar, œufs d'esturgeons salés, hors-d'œuvre très apprécié par les Russes. Nous goûtons ensuite au « faridé », poisson délicieux ; puis vient le *riz*, plat national, accompagné d'une purée d'artichauts, légume très commun en Orient.

Une omelette, de la crème et deux compotes terminent le repas. L'une est aux pommes du Liban, presque rose et très parfumée ; l'autre, mélange de bananes et d'oranges, ne la vaut pas.

Mme Pierre Laurella préside cette table de jeunesse, mais, pour le service, le maître de maison étant absent, les domestiques s'adressent au fils aîné. Ce dernier est le privilégié de la famille. On cède à tous ses désirs ; sa dot est de beaucoup supérieure à celle de ses sœurs. Il commande, et son autorité est presque égale à celle de son père.

Après le repas, on se rend à la *cour*, grand hall des Orientaux. Les narghilés sont apportés. Nous en essayons un, puis nous prenons le café arabe. Les tasses sont posées sur des coquetiers d'argent.

On offre, selon l'usage, des parcelles de résine blanche.

Cela ôte toute odeur d'aliments, et laisse dans la bouche un agréable parfum.

Cette opération se nomme mastiquage. — Nous mastiquons.

Le salon est ouvert ; nos amies s'approchent du piano ; nous nous joignons à elles, on joue et on chante.

Rosa Bechara valse très gracieusement à la syrienne, frappant les mains, arrondissant les bras et tournant sur elle-même.

Mais ces danses, si élégantes, ne sont plus à la mode. Les usages français ont la préférence dans les nouveaux salons de Beyrouth.

Après avoir visité les palais Sursock, nous prenons congé de nos amies, gardant un profond souvenir de l'accueil si bienveillant que nous rencontrons partout.

Une voiture nous ramène à Nazareth, où nous attend une nouvelle joie.

Madame Terme nous remet deux lettres de France!

Samedi 15.

Une petite maison s'élève modestement dans le parc de Nazareth. Cette demeure est celle de Madame Deschamps, l'amie si dévouée de la Communauté. C'est ce toit bien hospitalier qui nous abrite pendant notre séjour à Beyrouth. — Nous en conservons le meilleur et le plus reconnaissant souvenir.

Dimanche, 16 mars.

Une ancienne élève de Nazareth, Joséphine Riat, doit venir nous chercher à onze heures. Nous passerons la journée avec elle chez son frère et sa belle-sœur.

En attendant notre jeune amie, nous sommes à la chapelle où se dit la messe des Grecs catholiques.

Le prêtre, couvert d'une chape rose, se rend à une petite table à gauche de l'autel.

Là, il bénit l'encens, partage le pain en plusieurs parcelles, met le vin dans le calice puis monte à l'autel.

La messe est psalmodiée en arabe. Le servant répond sur le même ton nasillard auquel on s'habitue difficilement.

Le prêtre communie et distribue le pain et le vin.

Deux à deux, les fidèles s'approchent de la sainte Table et reçoivent debout les saintes Espèces. Avec une cuiller d'or le prêtre fait glisser sur la lèvre inférieure du communiant le pain mélangé au vin.

A deux heures nous montons en voiture avec Mademoiselle Riat et, suivant la route de Damas, nous nous rendons au jardin « du Pacha. »

Bientôt paraissent les premières hauteurs du Liban ; nous tournons à droite, traversons le fleuve et pénétrons dans le jardin princier.

Les plates-bandes sont en friche, les allées sont envahies, presque détruites. Dans la serre, un géranium rachitique penche tristement vers nous sa dernière fleur.

Nous ne cachons pas notre désillusion.

Sommes-nous bien dans le jardin du Pacha ?

Hélas! oui, mais Ibrahim est mort. Tout ce qui portait son nom : palais, mosquées, terrasses, est maintenant abandonné ; les pierres avec le temps tomberont en ruines, et les terres seront délaissées.

Près de la porte d'entrée, nous remarquons un sarcophage finement sculpté.

Il a été trouvé à Saïda ; on a fait tout récemment dans cette ville d'intéressantes découvertes ; la plupart ont été transportées au Musée de Constantinople.

Un « *ficus religiosa* » étale au milieu d'une plate-bande son majestueux feuillage.

Des grappes de racines se détachent des branches et s'implantent en bloc dans la terre.

C'est à l'ombre de cet arbre curieux que nous prenons de la bière, accompagnée à l'arabe de 8 ou 10 assaisonnements différents, un navet rougi au jus de betteraves, des amandes fraîches, d'autres sèches, une pomme de terre cuite sous la cendre, des pistaches salées, des pois chiches légèrement grillés, enfin une romaine à l'eau et au sel que l'on appelle « laitue » en Orient.

De retour à Beyrouth, nous saluons, dans sa demeure, le chef de la famille Riat. Les enfants lui baisent respectueusement la main, nous lui faisons comprendre par ses petites filles les plaisirs de la journée.

LA MER!

RECHERCHE D'UN PROTECTEUR POUR DAMAS.

Lundi 18.

BEYROUTH. — Huit heures.

Par une de ces resplendissantes matinées d'Orient, Madame Pierre Laurella eut l'aimable idée de nous proposer une excursion. Nous acceptons avec grand plaisir, et c'est avec joie que nous saluons : Raz-Beyrouth, les rochers et la mer !

Nous jouissons pleinement, avec notre chère amie, des merveilles de cette nature si richement dotée.

Près de la côte nous apercevons une barque...

Une barque... la mer... c'est tentant.

Saisissant la corde, nous l'attirons le plus près possible du rivage. Elle est éloignée de quelques pas encore ; mais le sable nous empêche de la rapprocher davantage.

Notre brave cocher va nous tirer d'affaire ; le voici, son fouet à la main, prêt à nous défendre contre ses compatriotes, que le long jeûne du Ramadan a fort excités.

Voyant nos vains efforts, sans dire un mot il retire ses babouches, et une à une nous porte dans la nacelle...

Enfin nous y sommes toutes les trois !

Un pêcheur s'offre à nous accompagner. Nous acceptons son aide.

Madame Laurella dirige l'aviron, nous saisissons les rames, le Turc fait de même et le canot s'éloigne.

Qu'il fait bon naviguer ainsi !... quel délicieux souvenir nous garderons de cette petite baie !

Mais le temps passe, il faut nous résigner à débarquer.

Nous voici de nouveau sur le sable..., en voiture..., et bientôt de retour à Nazareth.

Sur la terrasse, dominant l'école, nous avons le bonheur de rencontrer la Révérende Mère.

Dans dix ou douze jours, au plus, nous quitterons Beyrouth.

Quitter Beyrouth ! Et nous n'avons pas encore vu Damas ! Damas, la ville turque par excellence, le reflet du Paradis de Mahomet !

Il nous faut, à tout prix, trouver une occasion pour nous y rendre le plus tôt possible.

Prenant nos chamsillés, nous courons à l'école, demandons une Enfant de Marie pour quelques instants.

Nous nous dirigeons vers Raz-Beyrouth avec notre jeune interprète.

Rosa Bechara veut bien nous accompagner chez Mesdemoiselles Eddé. Leur père est à « Chtora », non loin de Damas ; une de ses filles se décidera peut-être à l'aller trouver. Pourquoi pas ?

Mme P. Laurella, l'une d'entre elles, voyant notre désir extrême, répète aussi : « Pourquoi pas ? »

« Pourquoi pas ? » répondent ses sœurs.., et le voyage est décidé.

Ravies d'avoir enfin une réponse décisive, nous reprenons à cinq heures du soir le chemin de Nazareth.

Le départ pour Damas est définitivement fixé au vendredi, 22 mars, à quatre heures du matin.

Chapitre septième.

EN DILIGENCE. — ARRIVÉE A DAMAS.

A TROIS heures un quart, la Sœur chargée de nous éveiller se glisse rapidement dans l'ombre. « Vite, Mesdemoiselles, il est quatre heures... Levez-vous. »

« Quatre heures, déjà ?... C'est inutile d'y songer, nous ne serons jamais prêtes à temps. »

Nous questionnons nos montres : elles marquent seulement trois heures un quart... La Sœur se trompe... Cependant, elle vient deux fois à la rescousse.

Enfin, nous voici prêtes. Après avoir fait nos adieux à Marguerite, qui a perdu la tête, et à son excellente maîtresse, nous franchissons le seuil de la petite maison.

A la porterie, une grande tasse de chocolat, bien chaude, est acceptée avec plaisir, car nous ne savons ni quand, ni où nous déjeunerons.

Maleck et Ayoub, le concierge et le jardinier, doivent nous accompagner jusqu'à la diligence.

Il fait nuit noire...., néanmoins, le ciel resplendit d'étoiles d'or.

Nous sommes tout à la joie d'être enfin sur le chemin de Damas.

Soudain, un coup de sifflet retentit..., un autre répond. Dans le lointain, des pas précipités se font entendre.

Anxieusement, nous interrogeons Maleck...

« Tranquillisez-vous, Mesdemoiselles, c'est le gardien de nuit qui prévient son compagnon de notre passage. »

Aussitôt paraît un petit homme, couvert d'un burnous

brun, le fusil sur l'épaule, des pistolets à la ceinture, l'air presque féroce.

Il frappe la terre, à chaque pas, d'une longue dague de fer.

Un kilomètre plus loin, le premier garde nous quitte, son compagnon le remplace.

Encore deux coups de sifflet, le troisième agent est prévenu.

Nous sommes toujours suivies. Cette procession pourrait durer longtemps, car ils sont plus de deux cents, répartis ainsi dans tous les quartiers de la ville.

Mais, halte-là ! nous voici au bureau de péage, la diligence doit s'arrêter.

Deux chaises trouées surgissent de je ne sais où.

Poliment on nous les offre ; nous les prenons avec plaisir, car l'employé du bureau dort d'un profond sommeil, et, par conséquent, ne songe pas à nous héberger.

Encore un quart d'heure d'attente...

Le vent frais de l'aurore commençant à nous geler, nous frappons à la porte... Le pauvre Turc bâille..., se détire... ; enfin le voilà debout... et nous dans sa demeure.

La conversation n'est pas très animée.

« Neharac saïd, » bonjour. « Kem sâ'a ? » quelle heure est-il ? « Taïeb... taïeb, » c'est bien.

Nous examinons notre salle d'attente. De même que la plupart des réduits de ce quartier cette chambre est voûtée.

La commode se compose de deux piles de pierres réunies par une planche.

Un vieux bureau, peuplé d'écrits très sales, occupe la place principale.

Une lampe huileuse avec abat-jour, vieux journal enfumé, éclaire sourdement cet ameublement sommaire.

Le bon vieux est là, campé sur sa paillasse, tout fier de sa situation.

D'une main il roule une cigarette, de l'autre il enfouit soigneusement sa montre de vermeil sous un oreiller noirci par l'usage.

Nous sommes l'objet de sa contemplation.

Enfin, voici la diligence avec ses six chevaux, piaffant, secouant leur légère crinière, prêts à fendre l'espace...

Nous escaladons le coupé. Mme P. Laurella, exacte au rendez-vous, est à moitié écrasée par nos grandes tailles.

Nous nous installons avec peine. Il fait si noir, ces places sont si étroites, le plafond est si bas...

La diligence part !

Gottlob!... nous filons à Damas !

La route postale (112 kilomètres), construite en 1860, lors de l'expédition française contre les Druses, traverse tout le Liban et l'Anti-Liban. La correspondance est bien organisée.

Les chevaux vont vite.

Mais que l'on est mal, serré entre ces grossières cloisons ! Ce trajet de quatorze heures est bien fatigant. Cependant, nous occupons la première classe. Ils sont six en arrière, dans ce qu'on appelle l'intérieur, six étouffés, écrasés, là où on devrait tenir quatre, au plus. Là-haut, sur la banquette de l'impériale, il y a cinq voyageurs. On a de l'air, et on jouit, sans obstacle, d'un panorama superbe.

Dans notre niche, nous avons le choix. De côté se déroulent, dans toute leur splendeur, montagnes et vallées, torrents et précipices. En avant, le monumental marchepied de nos lourds cochers. L'horizon ne peut pas être plus complètement borné.

Pendant les neiges, le service est interrompu des semaines entières.

Béni soit pour les futurs excursionnistes le nouveau chemin de fer à crémaillère, car, dans la saison des voyages, il faut retenir quatre ou cinq jours à l'avance des places toujours incommodes, parfois incertaines.

Nous suivons la route tout le long des pins.

5 kilomètres.

Voici la première côte... Après de longs circuits nous arrivons au second relais... 13 kilomètres... Nous jouissons de la vue splendide d'un lever de soleil dans le Liban.

Sur les montagnes se jouent de multiples teintes irisées.

La neige au loin brille avec des reflets d'or et les vallées se nuancent des couleurs les plus vives. Sur les sombres pins étincellent des milliers de paillettes argentées.

Nous montons toujours et toujours, chantant bien haut les louanges du Créateur.

Mme Pierre Laurella avec ses vingt-cinq ans est aussi jeune que ses écolières. Un rien nous divertit, tout nous enchante.

A tous les relais nous nous empressons de descendre, on a dix minutes pour se rendre compte que l'on n'est pas encore paralysé.

Ces montagnes diffèrent complètement des Alpes et des Pyrénées. La pente des versants est douce, les sommets sont arrondis ; point de gouffres abrupts, point de soudaines crevasses. On est comme préparé aux majestés qui vous environnent !

A certains détours, cependant, ces grandeurs vous écrasent, on est anéanti par la splendeur des sites.

Khan, Aïn-Sôfar, troisième relais, 27 kilom. 5.

La route est en partie taillée dans le roc vif.

Nous nous hâtons de descendre.

A nos pieds s'étend, à 1000 mètres environ de profondeur, l'immense et verdoyante gorge dite de Hammanà.

Des villages composés de huttes en terre occupent le fond et les bas-côtés de cette vallée admirable.

De Sôfar la vue s'étend jusqu'au sommet du col du Liban, où se trouvent le Djebel Kéneïsé et le Djebel el Barouk, deux montagnes chauves de 2032 m. d'altitude.

En arrière se voient pour la dernière fois les flots bleus de la Méditerranée, puis on découvre la vallée de la Bekaa qui sépare le Liban de l'Anti-Liban.

Au Sud s'élève la cime neigeuse de l'Hermon (2759 m. d'altitude); vers le Nord le regard s'étend jusqu'aux environs de Baalbek.

L'aurore disparaît et fait place au jour... quel réveil ! nous ne nous lassons pas de contempler et d'admirer.

Encore un dernier coup d'œil, encore un regard pour cette mer... là-bas... pour cette mer qui relie l'Orient à la France. Ah ! puissent ces vagues porter un souvenir à ceux que nous laissons sur cette plage, à ceux restés loin, bien loin, et dont la pensée nous suit !

Pour la seconde fois la corne du maître cocher nous force à sortir de notre ravissement.

Il n'y a plus à hésiter. Lestement nous nous encaissons en notre pauvre gîte !

Parfois sur la route, plus fréquemment en d'étroits sentiers, pour éviter la dîme de passage, glissent les dromadaires. Un petit âne placé en flèche de la caravane tire la longe. Il remplace humblement son maître et ne se doute pas de son importance. Viendrait-il à manquer de côté et d'autre, s'enfuiraient les chameaux. Vaine image de l'orgueil. La tête haute, l'œil flamboyant, balançant en cadence leur difformité, la corde au cou, les dromadaires se laissent mener sans le comprendre.

Les marchandises transportées à dos de chameaux sont contenues le plus souvent en des tapis faits avec leur poil. Ces besaces ont une grande valeur en Europe.

Voici des portefaix, le dos courbé, la tête en avant. Il est pénible de voir ces hommes remplir le rôle de bêtes de somme.

Nous atteignons la plus haute altitude de la route, 2032 m. Trois mulets ont renforcé l'attelage..., enfin nous voici au sommet !

37 kilom. 5, Khân Mourad, cinquième relais.

Mme Pierre Laurella se donne le plaisir de marcher dans la neige. Cela est si rare à Beyrouth !

En avant ! Nous descendons au grand trot les zigzags de la route jusque dans la vallée.

A gauche, sur le versant d'une hauteur que nous côtoyons, est étendu le cadavre d'un chameau en partie dévoré par les hyènes et les vautours. Un des chevaux fait un écart, tous prennent le mors au dent, nous longeons un précipice...; on ne distingue plus rien, tout vole ; cependant nous arrivons sans accident à Chtora. — 46 kilom. 6. — Vingt minutes d'arrêt.

Notre compagne est attendue, voici un de ses cousins ; on nous fait entrer à l'hôtel Victoria. Un petit verre de chartreuse nous réconforte à point. De la terrasse nous contemplons le nouveau panorama.

Comme la mer immense, cette vue se perd à l'infini. En vain nos regards percent-ils les nues : aussi profondément que l'œil fouille, s'étendent les montagnes blanches et arides; c'est le désert dans toute sa nudité, dans toute sa tristesse.

Ce relais est situé au centre de l'immense plaine cultivée de la Bekaa (10 ou 12 kil. de large) entre le Liban et l'Anti-Liban.

Chtora se compose de plusieurs fermes. La grande propriété que l'on aperçoit au loin appartient aux Jésuites. Quelques Français sous leur direction se livrent à la viticulture en grand. Ils ont obtenu un excellent vin.

En voiture ! Nous traversons la plaine... voici le sauvage Anti-Liban et ses rochers menaçants ; ils paraissent avoir des formes humaines, ils sont brûlés, effrayants.

Notre amie nous a quittées, nous la retrouverons au retour. Cinq heures encore et nous serons à Hamé entre les mains de notre nouveau mentor.

5 heures ! que c'est long dans ce monde inconnu hier, sauvage, désert, affreux !

Assourdies par huit heures de continuel et infernal roulement, nous ne pouvons plus nous entendre.

Aux deux coins de notre triste nid, les pieds dans la paille, la main dans la main, nous essayons de regarder sans pleurer à travers les vitres ensablées. Regarder quoi ?

Un troupeau de moutons noirs et bruns, une caravane de Bédouins aux manteaux foncés à raies blanches, au keffiyé jaune, entouré d'un épais cordon huileux.

Quoi ? par hasard un amas de cabanes en terre grise, toujours les hauteurs ou une plaine morne... maudite ! Il pleut !

Ouadi Barada, Ouadi Barada, Allah ! Allah!

Un petit coin de la France ! Voyageurs, cochers, chevaux, tout s'anime, des cris de joie et des louanges à Allah montent vers le ciel ; quant à nous, nous remercions DIEU au fond de nos âmes : un petit coin de la France, oui, voilà bien de quoi réjouir et réchauffer nos cœurs.

Véritable oasis est ce Ouadi Barada. Le fond est planté de figuiers et de peupliers formant allée ; voici un petit ruisseau. Il jaillit en cascade sous la tonnelle d'une auberge.

Les poumons se dilatent en respirant l'air rafraîchissant de cette vallée verdoyante....... La végétation devient de plus en plus vigoureuse. C'est un véritable parc qui s'étend aussi loin que peuvent pénétrer les eaux du Barada.

Au-delà, l'aridité du désert reprend son empire et offre de curieux contrastes.

Hamé, dernier relais ! A peine la diligence est-elle arrêtée, que la portière du coupé s'ouvre brusquement.......

Une dame, une Européenne, aux yeux brillants et noirs, moyenne de taille, la parole brève, un petit chapeau plat effleurant les sourcils, nous regarde d'abord l'air surpris.... puis interrogatif....

Quelle est cette intruse ? Nous nous apprêtons à défendre vaillamment nos places....

Erreur ! c'est Mme Kamsaracam, la femme du vice-consul de Russie, qui, impatiente de nous voir, est venue nous chercher jusqu'à Hamé !

Un éclat de rire sec met fin à cette silencieuse réserve.

On s'explique. On se reconnaît. Mme P. Laurella, son amie, lui avait annoncé deux « sœurs » venant du Nazareth de Beyrouth ; sans réfléchir, Mme Kamsaracam pensait à deux religieuses.

Aussi son étonnement fut-il complet en nous apercevant. Elle nous a avoué plus tard qu'elle était enchantée de la transformation.

Le réglementaire cawass, en uniforme bleu, à bordure d'argent, salue le nez dans la poussière.

Nous montons dans la voiture de notre protectrice. Le cocher, un bon nègre souriant, fait claquer son fouet et l'on part.

Mme Kamsaracam nous comble de caresses et de paroles aimables. Nous tâchons de lui rendre politesse et affection.

Nous traversons Doumar, localité composée de villas. Sur une hauteur, on aperçoit en ruines la demeure d'Abd-el-Kader, l'ancien chef renommé des Arabes d'Algérie. Homme de courage et d'action, sa vie fut glorieuse malgré ses défaites. Il la couronna dignement en accueillant, lors des massacres de 1860, une foule de chrétiens, qu'il défendit contre la fureur aveugle d'une tribu féroce.

L'avenue s'éclaircit près d'un ravissant moulin où roule l'onde argentine d'une transparente rivière.

Enfin on aperçoit les minarets de Damas.

Nous traversons une place mouvementée... puis une série de ruelles basses et obscures. Enfin nous descendons au consulat.

A peine sommes-nous arrivées que l'on nous fait entrer dans une salle haute et claire. Les grands murs blancs sont en partie recouverts par des tapis admirables de couleur et d'éclat.

M. Kamsaracam est là. Deux de ses compatriotes voyageant incognito, le Prince S... et le Comte X..., admirent les superbes tentures de leur hôte. — Un neveu de M. Taine, M. C., installé ici depuis quelques semaines, va et vient, causant et interrogeant tout le monde.

Mme Kamsaracam sert le thé.

Aucun de ces visiteurs ne nous est présenté.

Nous entendons parler trois ou quatre langues et ne pouvons deviner de quelle nationalité sont ces voyageurs.

Nous interrogeons en allemand, on répond en cette langue; en anglais, même résultat. Quelquefois on s'entretient en russe ou en arabe. Enfin on parle français ; tous comprennent parfaitement.

A 6 heures, Mme Kamsaracam a la bonté de nous conduire chez les Sœurs de Charité, où nous devons nous installer.

On fait charmant accueil aux deux Françaises, nous dînons rapidement, et là-haut, dans une bien pauvre chambrette, nous nous endormons confiantes et joyeuses.

DAMAS. — LES BAZARS.

Samedi 25 mars.

Nous nous levons de bonne heure.

A sept heures nous sommes dans la grande église des Lazaristes. On dit la messe et nous communions.

La supérieure nous fait visiter les dépendances de la maison.

Orphelinat, école, asile, pensionnat, hôpital, dispensaire, ces filles de la France cherchent toutes les misères, toutes les faiblesses, toutes les défaillances de la vie pour les combattre et les soulager...

Avec Sœur Angèle et Sœur Augustine nous commençons à parcourir la cité.

Voici le quartier chrétien. Les rues sont étroites, les maisons se soutiennent avec peine ; les événements de 1860 les ont fort ébranlées.

Des chèvres, dispersées ici et là, attendent leur maître, qui a fort à faire pour répondre à toutes les portes qui s'entr'ouvrent : « Hallibe... hallibe... » du lait, du lait.

Nous visitons la maison de saint Ananias convertie en chapelle. C'est ici que saint Paul fut baptisé par Ananias. A droite est l'ouverture du souterrain par lequel s'enfuit l'Apôtre des nations poursuivi par les Juifs.

Ce souterrain s'enfonce fort en avant sous les murs de Damas.

On éprouve une profonde émotion à prier dans cette grotte

pauvre et nue où le grand évangéliste a passé de si périlleux instants.

Les lieux n'ont pas changé, le peuple est barbare encore, persécuteur, injuste... On se représente Saul, tremblant, à genoux sur ces pierres, recevant le baptême et baisant les mains du saint homme vers lequel il est si miraculeusement envoyé.

On le voit, plein d'ardeur, courant sous cette voûte sombre, échappant aux Juifs, se confiant en la Providence qui l'a si miséricordieusement attiré.

Franchissant une ou deux arcades qui rappellent le passage de Romains, nous arrivons en dehors de la ville.

On rencontre des débris de fortifications, les ruines d'anciennes enceintes. Saint Paul fut descendu dans une corbeille le long de cette muraille ; de là, sans être vu, il se rendit chez Ananias.

Nous passons dans le cimetière des Grecs catholiques, visitons leur église... et gagnant de nouveau le quartier chrétien, nous frappons à la petite porte des Pères Jésuites.

Un Frère nous indique la chapelle, construite sur l'emplacement de la demeure de saint Jean Damascène.

Damascène, à qui son éloquence valut le surnom de « Chrysorrhoas », vécut au VIIe siècle.

Le calife alors maître de la ville l'éleva, malgré sa religion, au rang de ministre.

Accusé injustement de faux écrits, il fut condamné à avoir la main tranchée.

Jean s'en remit à la Vierge et lui promit de se réfugier dans un monastère, si elle voulait bien lui remettre sa main sanguinolente.

Il fut exaucé, c'est ici que se fit le miracle...

Nous retournons chez les Sœurs de Charité.

A dix heures et demie, Mme Kamsaracam nous fait appeler. Nous nous rendons avec elle au consulat de France : Mme Guillois nous reçoit fort aimablement. On nous prie de venir déjeuner demain ; c'est avec le plus grand plaisir que nous acceptons l'invitation.

Il est si doux à l'étranger de retrouver des cœurs français !

Nous nous dirigeons ensuite aux bazars, dont M. Loti donne une définition très exacte :

« Comme dans tous les pays de l'Islam, le point où se » concentre la vie, c'est le bazar, en dehors duquel ne » s'étendent plus guère que d'étroites ruelles couvertes, des » murailles de jardins ou de palais, puis de primitives ban- » lieues construites en terre rase et sentant le voisinage des » déserts.

» Le bazar, lieu immense où l'on se perd dans la constante » pénombre des voûtes.

» Avenues de mille mètres de long, bordées d'innombrables » échoppes où miroitent les choses orientales : les armes, » les faïences, les meubles peinturlurés ou incrustés de nacre, » les cuivres ciselés, fins comme des dentelles ; les costumes » de nuances rares ; les étonnantes indiennes bariolées dont » s'habillent les gens du peuple, ou bien les belles soies de » Brousse et les soies de Damas ; puis les soies d'Alep qui, » sur des fonds d'exquises couleurs, sont semées de flammè- » ches blanches.

» Comme chez nous au moyen-âge, les marchands sont » groupés par catégories : il y a, dans le vieux labyrinthe » obscur, le quartier des drapiers, le quartier des armuriers, » le quartier des orfèvres et le quartier des guenilles...

» Celui des selliers, qui est à ciel plus libre, coupé de » fontaines et de platanes géants, contient toutes les fantaisies » arabes pour chevaux, mulets, ânons ou chameaux ; tout » ce dont il est d'usage d'affubler les bêtes entre Damas et » Bagdad : selles en velours chamarré d'or, ou bien en peau » de panthère, broderies de perles et de coquillages, chapeaux » à plumes pour chameaux..., petits miroirs où joueront en » route les reflets du soleil.

» De cinq cents lieues à la ronde, du fond des déserts, » on s'approvisionne dans ce prodigieux bazar. Alors c'est » une Babel de discussions, un Musée de visages et de » costumes.

» Des Bédouins, des Syriens, des Druses, des Turcs en » robes de soie de toutes couleurs ; de nobles émirs entière- » ment vêtus de cachemire indien ; des figures lointaines, » des yeux de mystérieuses ténèbres et des têtes inquiétan- » tes, énormes sous l'enveloppement des turbans et des » voiles...

» Et des voitures s'en vont ventre à terre au milieu de » tout ce monde ; des cavaliers se débattent, le manteau au » vent sur des chevaux rétifs ; on se gare comme on peut » des coups de tête et des ruades. Des caravanes aussi » passent, en files lentes et toujours solennelles... ou bien » de pompeux chameaux pour dames de harem, enguirlandés » de perles des pieds à la tête, et portant sur le dos ces » édifices légers qui les font ressembler à des papillons » gigantesques.

» Et dans l'encombrement étrange circulent, avec leurs » cris d'appel, de petits marchands de bonbons et de » sucreries ; d'innombrables petits marchands de limonade » glacée, portant leur boisson dans un baril de verre orné » de pendeloques en cuivre ou en perles, et faisant claquer, » avec un bruit de cymbales, leurs bols de faïence pour » attirer les buveurs. »

Les boutiques sont de vrais antres alignés comme dans les avenues d'une foire. Deux grands marchands de meubles ont seuls un local de dimension convenable. Nous nous arrêtons chez l'un d'eux et achetons pour la modique somme de cinquante centimes un échantillon des sabots du pays, sortes de patins en bois, élevés plus ou moins sur deux petites traverses incrustées de nacre et d'ivoire comme les tables et étagères.

Les orfèvres étalent peu : tout est renfermé dans de petites cassettes qu'ils vont ouvrir quand on leur demande un bijou.

Souvent le négociant est assis sur ses talons devant sa boutique, la pipe à la bouche ou le narghilé à côté de lui.

Quand un marchand n'a pas de clients, il lit le Coran sur

sa « mastaba », fait sa prière ou cause avec son voisin, car on ne trouve pas en Orient ce sentiment de concurrence hostile, si développé chez nous. Le vendeur attend tranquillement qu'Allah, qui a envoyé un bon acheteur à son voisin, lui fasse la même faveur.

La vie des indigènes se passe au bazar : mosquées, bains, cafés, tout y est réuni. Là on se baigne, on mange, on prie, on fait ses affaires et on se rend des visites.

Nous n'oublierons jamais la curiosité des étalages ; les choses sans valeur sont mélangées aux plus riches objets. Ici on va chercher au milieu de vieilles porcelaines et de pots à demi brisés, des saphirs superbes, enfouis dans une petite boîte d'étain.

Des fours, toujours brûlants, sortent des gâteaux dorés, ressemblant à nos pâtes feuilletées. On mêle à la pâte beaucoup de miel. Certains gâteaux sont faits avec des amandes, d'autres avec des pistaches ou du cédrat. Pendant le jeûne du Ramadan, on absorbe de ces friandises en quantité.

Les marchands désignent rarement les objets par leur nom. « Prenez garde à vos dents, » disent les vendeurs de boissons glacées. En offrant un bouquet de roses cyclamens ou de fleurs d'orangers : « Salih hamatat, » Apaise ta belle mère, et de force on le glisse dans la main du promeneur.

Le vacarme et les cris sont perpétuels, le soir surtout. La foule se presse compacte et bruyante.

Ici se faufilent, sans voile, les petites femmes tatouées du désert, avides de satisfaire leur curiosité. Elles ruissellent de breloques ; néanmoins, le quartier des bijoutiers a toujours leur préférence.

Là un Grec passe magistralement, enveloppé dans son riche manteau rouge, bordé de fourrure.

Ce Bédouin, avec sa peau tannée, un keffiyé blanc sur la tête, le vêtement à raies brunes rejeté en arrière, s'avance nonchalamment, poussant avec de petits cris un âne ou un mulet.

Au bazar, la probité n'existe pas ; on négocie avec des

voleurs ; quant à la propreté, il n'y faut point songer ; c'est une de ces vertus inconnues aux peuples orientaux ; mais l'industrie est active. Tout le monde est de bonne heure au travail ; on est étonné de trouver au milieu de tant de paresseux et de flâneurs un petit coin de terre où la vivacité soit si grande et le travail si laborieux.

Nous visitons plusieurs « Khâns », sortes d'immenses remises, souvent voûtées et soutenues par des colonnes.

Dans ces vastes entrepôts, on accumule animaux, marchandises, tout ce qui fait partie d'une caravane. Un d'entre ces « Khâns » est particulièrement remarquable avec ses chapiteaux sculptés, ses lambeaux de mosaïques et de peintures, ses lourdes portes en bronze. Il semble avoir fait partie d'un ancien palais. Les fenêtres grillées, les pierres grises lui donnent un aspect sévère. Cela offre un singulier contraste avec l'animation et le brouhaha du bazar, dont nous nous sommes isolées avec plaisir pendant quelques instants.

Mme Kamsaracam veut nous faire tout voir. Aujourd'hui nous visiterons encore la grande mosquée Dervichi, puis nous irons à Salihiyé.

« Au centre de la ville gisent les ruines toutes fraîches de » la grande mosquée qui fut, jadis, l'église Saint-Jean-de-» Damas, contemporaine de Sainte-Sophie et des basiliques » de Constantin, célèbre par ses colonnes de marbre et ses » mosaïques d'or. Elle devint l'un des sanctuaires les plus » saints de l'Islam, le troisième en vénération après ceux de » La Mecque et de Jérusalem.

» Il y a sept ou huit mois, en plein midi, le feu prit, on » ne sait comment, dans sa charpente desséchée, et d'une » façon soudaine ; en quelques minutes, tout flamba comme » une pièce d'artifice ; puis, dès que la toiture fut effondrée, » commença l'anéantissement imprévu de ces colonnes, qui » valaient chacune le prix d'une ville, et que les construc-» teurs avaient enlevées à des temples antiques ; déséqui-» librées, tout à coup elles tombèrent les unes contre les

» autres et se brisèrent sur les dalles irréparablement (1). »

Depuis, tout est resté tel que. Une poutre de l'échafaudage dressée pour la reconstruction de l'édifice ayant écrasé un ouvrier, ce fut l'indice de la volonté de Mahomet ; on ne songea plus à en relever les ruines.

« La cour de la mosquée, qui subsiste toujours, a l'étendue d'une place de grande ville entre ses rangées d'arcades blanches. Pieusement on se déchausse encore pour y entrer, bien qu'elle soit semée de pierres et de décombres, et, aujourd'hui même, de nombreux fidèles y sont prosternés le front contre terre (2). »

MOSQUÉE DERVICHI. — Les Derviches, très nombreux à Damas, occupent un immense bâtiment à l'entrée de la ville, sorte de monastère musulman. Au centre de la cour intérieure s'élève une mosquée moderne peu intéressante ; tout autour des chambres voûtées offrent un abri aux adorateurs professionnels du Prophète.

Nous traversons une des salles. C'est la cuisine. Devant une marmite gigantesque, un jeune nègre tourne la sauce avec une pelle aussi haute que lui. Les grands murs sont noircis par d'épaisses couches de suie ; point de cheminée : deux bornes et les tisons enflammés ; le feu pétille comme en plein air.

Il faut goûter au potage des Derviches.

Le marmiton nous présente la portion ordinaire : un litre environ.

Comment arriver au bout ! Nous n'essayons même pas. A tour de rôle nous prenons la spatule. Ce mélange de riz, de pois chiches et de débris de mouton, allongé d'eau, doit être excellent lorsque l'on meurt de faim.

Nous remercions le négrillon et le réjouissons beaucoup en lui disant, d'un air presque convaincu : « Ketir thaïeb, ketir thaïeb, » C'est très bon.

1. Pierre Loti, *La Galilée.*
2. Pierre Loti, *La Galilée.*

A deux kilomètres de Damas s'élève une hauteur appelée : « Es-Salihiyé, » d'où l'on jouit d'une vue remarquable sur la cité.

Nous nous y rendons cette après-midi avec Mme Kamsaracam. Cette terre est sacrée pour les musulmans ; c'est là, selon eux, qu'Abraham parvint à la connaissance de DIEU. Adam aurait habité ces lieux et Mahomet s'y serait arrêté, regardant Damas, dont il ne voulut jamais franchir l'enceinte, « craignant que ses charmes ne lui fissent négliger ceux du Paradis. »

Ce mont est en partie composé d'une roche rougeâtre. Pour cette raison (à défaut d'indications plus précises), on y place la grotte du sang, où fut déposé le corps d'Abel, tué par son frère.

Un grand nombre de personnages se sont fait jadis enterrer à Es-Salihiyé et l'on trouve encore plus d'un monument funèbre sur les versants de la montagne.

Ici se trouve encore la sépulture d'Abd-el-Kader.

Nous escaladons la colline. Le vent mugit terriblement, impossible d'arriver au sommet. Nous nous arrêtons à mi-côte et contemplons la vue, une des plus remarquables des environs.

En avant voici Damas et sa forêt de minarets (il y a près de 360 mosquées dans l'intérieur de la cité). Une vaste ceinture verte entoure ses murs. Au Nord, en arrière de la vallée, s'allonge l'Anti-Liban dénudé. Tout près, à gauche, se trouve le village en terre de Salihiyé. Les demeures sont basses et grises. Un peu plus loin est la gorge du Barada, le fleuve, la richesse de Damas ! Le Ouadi-Barada donne la fraîcheur aux cours. Il est la source, toujours abondante, des fontaines et des jets d'eau.

Mme Kamsaracam nous indique l'emplacement des différents quartiers de la ville ; mais le vent nous renverse, il faut descendre à tout prix. Nous remontons en voiture, les chevaux s'enfoncent dans la poussière amassée au pied des monts. Elle s'élève en nuage et couvre nos robes et coiffures.

A six heures et demie du soir, nous rentrons au couvent des Filles de la Charité. Les entretiens de Sœur Angèle resteront profondément gravés dans nos cœurs. Toute la Communauté assiste à notre souper.

Sœur Françoise, à la fin de cet excellent repas, nous apporte une grenade. Les petits grains rouges sont mélangés au sucre et baignés dans « l'arac » (liqueur nationale extrêmement forte). Cet ensemble est fort appétissant. Le jus est rose et le fruit carmin. Nous goûtons à ce dessert... Nos lèvres sont emportées par cet âpre mélange... nous restons bouche close pendant quelques instants.

Chapitre neuvième.

DAMAS (suite). — MESSE CHEZ LES JÉSUITES. — LES BAINS TURCS. — DÉJEUNER AU CONSULAT DE FRANCE. — SALONS ET COURS DE DAMAS. — SOIRÉE AU CONSULAT DE RUSSIE.

Dimanche, 24 mars.

A SEPT heures du matin un bon Frère nous ouvre le parloir des Pères Jésuites. Ils sont quatre à ce poste, quatre ardents et zélés missionnaires. Rien ne les arrête. Le Supérieur, le Père Kersenti, vaillant fils de notre Bretagne, est descendu hier du Liban.

Pendant un mois, il a parcouru la montagne revêtu du burnous à raies noires et blanches des Bédouins, une corde serrant son turban. Il a visité les caravanes, encourageant les anciens, car beaucoup le connaissent, convertissant, catéchisant, se donnant à tous, n'appelant, ne cherchant que les âmes, prêt à donner pour elles et son sang et sa vie.

Nous avons le bonheur de parler quelques instants à ce vénérable religieux.

Il nous conduit à la chapelle. Les tarbouchs brillants arpentent la petite cour. Les femmes catholiques, enveloppées dans l'isar blanc des dimanches, la traversent, effleurant les pavés. Quelques-unes s'approchent : saisissant les mains du Père, elles les couvrent de baisers ; un sourire répond à ces protestations.

La messe est célébrée, le *Tantum* suit, et les encensoirs volent. Nous sommes là, à genoux, entourées de cheiks, de Bédouins aux pieds nus, de maronites, de veuves aux voiles noirs, accroupies, gémissantes.

Une douce mélodie couvre le bruit des pas, une douce mélodie, un air français qu'il me semble entendre encore, et qui, en cet instant, nous fit pleurer.

Les Sœurs nous ramènent à leur couvent.

Dans l'église des Lazaristes nous assistons à la grand'-messe de dix heures; c'est une messe syrienne catholique.

A onze heures Mme Kamsaracam nous rejoint. Son équipage nous amène aux bazars. Il s'arrête, nous enfilons à pied une ou deux galeries étroites. Le cawass pousse une lourde porte et recule ; nous sommes aux bains turcs réservés aux femmes.

Un bain est annoncé quinze jours d'avance comme un bal en Europe. C'est pour les Orientaux le plus grand des divertissements.

On retient une salle et la journée s'écoule, l'on n'en sort qu'à la nuit. Dans une atmosphère tiède, variée suivant les caprices, on se repose, on prend ses repas. Si cela convient, une ou deux esclaves charment les heures avec leurs voix ou leurs instruments de musique.

Puis, étendu sur les chaises longues, après la friction d'usage, on goûte encore les suaves parfums du narghilé. Les enfants ne sont point un obstacle à ces plaisirs : nous en avons vu dormant dans leur berceau au milieu des étuves. « Ces salles sont éclairées d'un faible jour par de petits » dômes... comme l'explique si bien Lamartine. Elles sont » pavées de marbre à compartiments de diverses couleurs, » travaillés avec beaucoup d'art.

» Les murailles sont revêtues aussi de marbre et de » mosaïque, ou sculptées en moulures ou en colonnettes mau- » resques.

» Ces salles sont graduées de chaleur : les premières à » la température extérieure, les secondes tièdes, les autres » successivement plus chaudes, jusqu'à la dernière, où la » vapeur de l'eau presque bouillante s'élève des bassins et » remplit l'air de sa chaleur étouffante. » Nous pénétrons jusque-là. A peine avons-nous fait un pas, que nous reculons, ne pouvant respirer dans cette atmosphère suffocante.

« En général, il n'y a pas de bassin creusé au milieu des » salles ; il y a seulement des robinets coulant toujours, qui » versent sur le plancher de marbre environ un demi-pouce » d'eau. Cette eau s'écoule par des rigoles et est sans cesse » renouvelée. Ce qu'on appelle le bain en Orient n'est pas » une immersion complète, mais une aspersion successive, » plus ou moins chaude, et l'impression de la vapeur sur la » peau. »

Monsieur Guillois, consul de France, et sa femme nous reçoivent très aimablement à déjeuner. On est plein d'attention pour les deux Champenoises qui apportent avec elles un souffle de la commune patrie.

Un piano. Nous attaquons quelques accords ; quant à chanter, impossible; décidément la vie de touriste ne convient point à nos voix.

A deux heures la porte s'ouvre. Toutes les deux sur le divan nous parlions de nos souvenirs ; notre si charmante hôtesse semblait prendre plaisir à nous entendre, on se connaissait déjà, et puis il faut partir et quitter ses amis de quelques heures. Mme Kamsaracam nous appelle, et nous partons, après avoir exprimé à Mme Guillois toute notre reconnaissance.

Les maisons juives et turques sont renommées à Damas pour la beauté et la richesse de leurs salons, nous allons en visiter quelques-unes.

Il nous faut traverser dans ces quartiers des rues obscures et étroites. Nous arrivons devant une petite porte en bois, mal peinte. Le cawass soulève la poignée en fer et frappe trois coups.

Des enfants bien vêtus répondent à l'appel.

On nous fait traverser un labyrinthe de couloirs ; enfin voici la cour et sa fontaine jaillissante, et les bosquets de citronniers et de roses, et les dalles en marbre blanc et vert.

Les murs s'enfoncent formant une sorte d'alcôve. Sur une

marche élevée, un divan offre au visiteur la possibilité de se reposer dans une atmosphère embaumée.

Nous pénétrons dans la salle d'honneur, divisée suivant la mode de Damas en deux parties distinctes, à niveau différent. La première, celle de l'entrée, ne contient qu'un jet d'eau dans une superbe vasque de marbre. Si vous n'êtes pas un des habitués, vous restez là, en bas, le maître de maison vous salue et, suivant le rang que vous occupez dans la société, il vous indique une place dans la seconde partie, celle du fond, plus haute de deux ou trois marches, meublée de divans et coussins auxquels cette élévation « donne des airs de trône ».

« Les parquets, dit Pierre Loti, sont de mosaïques de » marbre ; sur les murs des mosaïques plus fines et mêlées » de nacre alternent avec des panneaux de ces faïences dont » la fabrication s'est perdue depuis le passage destructeur » de Tamerlan. Chaque panneau encadré d'arabesques, d'un » dessin rare, représente une gerbe, un buisson de chi- » mériques fleurs s'échappant de quelques vases étranges au » long col frêle.

» Les très hauts plafonds coloriés et dorés, à rosaces, à » coupoles, sont d'une complication géométrique inimagi- » nable, d'une extravagante fantaisie de kaléidoscope, déli- » cieusement fanés du reste, et maintenus dans une pénom- » bre lointaine, au-dessus des choses, par un habile éclairage » qui vient d'en bas.

» Chez les riches d'Israël la disposition des salles est la » même, mais la décoration n'est plus arabe ; elle est Louis » XV, Pompadour. Chez l'un des princes de l'or, du haut » en bas des murs, les coquilles, les rocailles, les guirlandes » sont sculptées en plein marbre, avec une réelle magni- » ficence, dans des blancheurs de neige. Et c'est inat- » tendu de rencontrer, si loin, l'exagération de nos styles » surannés. »

Dernièrement un Juif dépensa deux cent mille francs pour se faire construire une salle de ce genre, tout en marbre sculpté. Il mourut laissant à ses enfants reliefs et sculptures sans un sou pour y manger du pain.

Nous visitons plusieurs autres maisons : les jets d'eau, les orangers et les roses se retrouvent dans les habitations les plus modestes ; « Damas est par excellence la ville de l'eau vive et des fleurs ! »

A quatre heures nous sommes dans l'église des Lazaristes. Après le salut on se réunit au parloir. C'est l'instant des adieux. Nous remercions les Sœurs de l'hospitalité qu'elles nous ont si cordialement offerte et dont nous saurons garder le profond souvenir.

Nous dînons ce soir chez Mme Kamsaracam ; après le dîner on se prépare, et, avec l'équipage du vice-consul, par de sombres galeries, puis de larges avenues, nous gagnons le consulat de Russie.

Monsieur et Madame Bilayef nous reçoivent très courtoisement. Bien qu'un peu étonnées de nous trouver au milieu de tous ces visages hier inconnus, nous passons d'agréables heures, regardant, admirant, questionnant.

On fait de la musique. Pour clore la séance nous attaquons à quatre mains le solennel hymne russe... Tous se lèvent et chantent gravement l'air patriotique, en l'idiome national.

A la suite, et très aimablement, Mme Bilayef feuillette un volume et pose devant nous la Marseillaise. Il est minuit, nous demandons à partir, car demain matin nous devons reprendre à quatre heures du matin la diligence pour Beyrouth.

Chapitre dixième.

A TRAVERS LE LIBAN.

Lundi, 25 mars

La nuit a été courte mais le sommeil de plomb. A trois heures, malgré les fatigues de la veille, nous avons assez de forces pour nous lever.

Après un déjeuner sommaire : thé, café, petits beurres, à la lueur fumante d'une lanterne, précédées du cawass, suivies par Mme Kamsaracam, nous nous engageons dans les couloirs étroits et sombres qui sont les rues de ce quartier. Nous courbant à chaque pas sous des porches rocailleux, évitant bornes et ruisseaux, nous avançons silencieusement. Des ombres blanches et noires se glissent contre les murs, parfois un hurlement se fait entendre ; c'est le cri d'alarme d'un chien dont un passant a troublé malencontreusement le sommeil. Nous en heurtons plusieurs, d'autres leur répondent ; mais la cravache du cawass apaise facilement ces clameurs, car ces chiens sont très peureux.

Nous arrivons au bureau. La diligence est là ; nous occupons le coupé avec Mme Kamsaracam, qui doit nous remettre à Chtora entre les mains de Mme Pierre Laurella.

A cinq heures moins le quart la poste s'ébranle, et les chevaux s'élancent rapidement.

Nous sommes contentes de partir bien qu'enchantées de notre séjour. — Damas est la ville turque par excellence, et par conséquent bien intéressante à visiter, mais qu'il nous en coûterait d'y séjourner! La population semble être hostile aux Européens, on nous a lancé plus d'une injure, plus d'un regard haineux. Des enfants, plusieurs fois, ont suivi notre voiture le poing levé, menaçant et criant.

Le soleil se lève... Les montagnes se colorent uniformément de teintes roses, puis rouges. Les rochers et la neige apparaissent au loin. Peu à peu les étoiles s'effacent, voici le jour... De nouveau nous contemplons l'aspect sauvage, sévère, monotone de l'Anti-Liban.

Dans une échappée nous apercevons l'immense plaine de la Béka qu'il va nous falloir traverser. L'ombre des montagnes se projetant à l'infini sur la plaine ensoleillée, nous donne l'illusion de la mer. Nous arrivons à cette mer ensemencée par le contre-fort du Tomat-Nichat... C'en est fini de l'Anti-Liban, voici la plaine immense.

Les monts du Liban dressent devant nous leur croupe neigeuse. Ces versants immenses se présentent ici aux regards du voyageur comme pour lui faire oublier ceux qu'il vient de quitter pour toujours !

Qu'elles sont superbes ces montagnes ! L'âme aspire à s'élancer librement vers le Créateur de tant d'œuvres et de merveilles.

Chtora !

Nous retrouvons Mme Pierre Laurella à l'Hôtel de l'Europe. On se sépare après le repas.

Mme Kamsaracam reprend le chemin de Damas. Quant à nous, en avant pour Beyrouth ! La diligence part au galop.

A quelques milles, le cadavre d'un chameau est étendu sur le bord de la route. Des vautours se disputent les chairs glacées...

Deux mulets ont renforcé l'attelage. Nous gravissons une rampe escarpée. Soudain, un des chevaux recule, les autres suivent le mouvement, le lourd véhicule redescend. Il incline à gauche, vers le précipice ! Des cris perçants partent du coupé. Mme P. Laurella ouvre la portière.

... Elle tombe dans les bras d'un cawass. Il se trouve là fort à propos, nous profitons de ce secours inespéré.

Le vent souffle avec une violence inouïe, c'est à peine si

l'on peut avancer,... néanmoins nous respirons plus à l'aise. En arrière, la diligence recule toujours ; on dételle le cheval vicieux.

Mme P. Laurella questionne notre sauveur. « Qui accomgnes-tu ? — Un prince russe. — Un prince russe... son nom ? — Il voyage incognito. »

Cependant le landau de l'étranger s'est rapproché. Son Altesse descend... O surprise ! nous la reconnaissons ! à notre arrivée à Damas, c'est un des personnages que nous avions vus dans le salon du vice-consul. Très aimablement il nous salue et nous offre une place dans son landau... Mais la diligence n'est point tombée. L'équipage se met en branle et vient nous rejoindre en haut de la côte. Nous remercions l'inconnu de sa charitable proposition, et, tandis qu'il rejoint son landau, nous nous enfermons de nouveau dans notre coupé.

Les émotions se succèdent... Ce sont des caravanes qui passent. Un chameau casse sa longe, va, court de côtés et d'autres, menaçant de s'abattre sous les pieds de nos chevaux. Nous roulons sur la neige. Un loup traverse la route. A Khân-Mourad, un Italien ivre menace nos voisins de l'impériale ; on le fait descendre, puis remonter...

Sofar ! nous contemplons une dernière fois l'immense gorge de Hammana.

Bientôt la mer apparaît au-dessus des pins... Enfin, nous nous rapprochons de Beyrouth ! Beyrouth, c'est presqu'une patrie dans ce désert de l'Orient. A Beyrouth nous sommes attendues, désirées peut-être.

Beyrouth ! nous y voilà enfin ! Il est quatre heures, le soleil du soir dore de ses rayons les plus éclatants la route poudreuse. A l'entrée de la ville une suite de beaux équipages court et se presse.

... Attendues, oui, nous le sommes ; la famille Eddé très aimablement est venue à notre rencontre. On arrête la diligence, nous descendons, et, sous les pins, nous commençons le récit de notre voyage...

Cependant on a pitié de notre fatigue. Deux voitures s'approchent et nous conduisent à Nazareth.

N'oublions pas que c'est aujourd'hui l'Annonciation, fête chômée en Orient. Tout le monde est à la chapelle.

Après le salut nous enfilons les cloîtres et courons nous présenter à la Révérende Mère. Nos cœurs battent bien fort en la revoyant.

Nous avons eu de violentes émotions... mais Mme Pierre Laurella nous remet saines et sauves entre les mains de notre vénérée protectrice.

Nous parlons et racontons des choses qui paraissent extraordinaires, on nous voit très surexcitées... Un bon lit et une tasse de lait mélangée d'eau de fleurs d'oranger vont nous calmer.

Après avoir remercié la Providence d'avoir veillé sur nous d'une façon si complète et si particulière, nous nous endormons confiantes et joyeuses !

Chapitre onzième.

BEYROUTH. — POISSON D'AVRIL.

Jeudi, 28 mars.

Une petite angine condamne Mathilde à la réclusion. Elle est installée au pensionnat, seule, dans une grande et belle infirmerie, tout près de la chapelle...

Magdeleine termine la correspondance et prépare les paquets. D'un jour à l'autre nous pouvons nous embarquer.

Vendredi, 29, samedi, 30.

Nous sommes toujours là ! On ne se guérit pas instantanément d'un bon mal de gorge ; cependant la malade, bien soignée par le docteur Boyer, va beaucoup mieux.

Lundi, 1er avril.

Partons-nous, oui ou non ? C'est la question du jour. Tout le monde s'interroge ! L'oracle se tait toujours. Du haut de la terrasse, à neuf heures, nous voyons notre bateau partir... Décidément, nous sommes encore à Beyrouth.

Il s'agit d'occuper la journée... Un éclair traverse notre esprit : si nous faisions un poisson d'avril ?

L'idée est adoptée... Nous allons emballer un canard et le faire arriver dans la grande salle de communauté.

Nous réunissons dans une remise caisse, ficelle, papier d'emballage, et courons à la basse-cour... Tout fuit devant nous... Enfin, un vieux canard se laisse emporter. Le jardinier arabe, Bechara, vient à notre secours. Sans trop de peine on enfile la bête dans la boîte ; la voilà bien installée, avec quelques feuilles de betteraves, un peu de foin ; nous avons pratiqué des ouvertures sur les côtés, afin que l'air ne lui manque pas.

Nous faisons transporter le paquet chez Mme Deschamps ; celle-ci veut bien écrire l'adresse. On la colle, quatre cachets noirs fixent les coins, et au-dessus nous inscrivons, en lettres majuscules : « De l'Archevêché de Reims. » Nous n'avons point d'eau de Cologne, un flacon d'arnica se trouve à notre portée, nous en arrosons la caisse ; il faut que tout aide au succès de notre idée.

Un brave Turc passe devant la porte, on l'arrête... Il vient de la douane, et sera le porteur du précieux objet... ; c'est fragile ! Tout cela bien expliqué, la boîte est posée sur son épaule. L'inconnu sort du petit jardin, et, solennellement, rentre par la grande porte, sur la façade du pensionnat.

Fera-t-on passer la caisse à la porterie ?

Fort innocemment nous arrivons au parloir.

A notre grande joie le canard passe !

Seulement, le paquet a paru suspect... ; le porteur doit attendre, on se prépare à faire des réclamations.

La communauté arpente le cloître et suit la Sœur chargée du précieux envoi.

La Mère Générale est dans la grande salle du Chapitre.

... DIEU soit loué, le canard est à ses pieds !

Que va-t-il en advenir ?

Le mot « ouvrez » est prononcé.

De divers côtés : « Comment, cela vient de France, avec de semblables ficelles ! De l'archevêché ! » Enfin l'animal apparaît ! ! ! !

J'aurais voulu être à cent lieues sous terre si ce n'avait pas été le 1er avril.

Mais, poisson ou canard, tout cela se tolère en pareil jour. On nous pardonne..., la pauvre bête, tout étourdie, est renvoyée en ses quartiers..., le Turc congédié..., et nous sommes là riant de tout cœur !

De deux à quatre heures nous faisons de la musique à quatre et à six mains.

A sept heures et demie du soir, après une intéressante partie de boules, nous dormons sous nos rideaux blancs, rêvant de la France, où nous croyons revivre.

Chapitre douzième.

DE BEYROUTH A ACRE.

Jeudi, 4 avril.

C'EST à Saint-Jean-d'Acre, l'ancienne Ptolémaïs, dans le petit parloir de la mission de Nazareth, qu'il nous est donné aujourd'hui de continuer ce récit.

Le voyage a été rempli d'incidents qui, en nous donnant de fortes émotions, n'ont point troublé, cependant, la réalisation de nos plans.

Remontons au mardi, 2 avril.

Ce jour-là, dès le matin, tout est en mouvement sur la colline. Les jumelles serrent malles et valises, traversent les cloîtres à grands pas..., distribuent à tous adieux et remerciements.

A cinq heures du soir sonne l'instant pénible de la grande et définitive séparation.

Les enfants et la communauté sont réunies dans le cloître. Une dernière fois la Mère Générale parcourt les rangs, donnant à chacune un mot de consolation.

Les voitures s'avancent ; silencieuse et pensive, la petite caravane jette un dernier regard sur la maison tant aimée.... Les portes se referment..., les équipages s'ébranlent..., en moins de dix minutes nous sommes au port !

Voici le quai et sa cohue ordinaire... ; on s'empare de nos bagages.

Mlle Joséphine Riat vient, très aimablement, nous serrer une dernière fois la main.

On nous présente Mlle Faridé Akaoué; nous apprenons que cette dernière doit nous accompagner jusqu'à Caïpha.

On se bouscule, on se presse ; enfin nous atteignons la barque qui doit nous mener au large. Adieu, ravissante Beyrouth! Nous voici de nouveau livrées au caprice des flots, les rames battent en cadence les vagues écumeuses.

Armonia, tel est le nom du navire auquel nous abordons; c'est un italien, petit, malpropre ; le pont est encombré de cordages, de caisses, d'ustensiles de cuisine et de balais.

« Où sont les premières ? » demandons-nous. On aurait bien de la peine à nous le dire. Secondes, premières, il n'y en a pas. Les appartements du commandant servent seuls aux rares passagers qui ont eu la mauvaise fortune de s'embarquer sur cet affreux caboteur.

On nous fait descendre l'escalier sale et noir... ; nous voilà dans une véritable étuve ; il faut un vrai courage pour ne pas se sauver... Une étuve de quatre mètres de superficie, c'est le salon : un canapé de crin, une longue table, voilà de quoi encombrer ce réduit.

En face, une odeur pénétrante de soupe aigre et d'échalotte s'échappe d'une porte entr'ouverte; c'est la cuisine et la salle à manger des officiers.

Passons aux cabines : dans le fond du salon on pousse deux petites portes... Voilà notre chambre : un trou encombré d'une monumentale table de nuit, d'un arrosoir, de deux planches suspendues l'une au-dessus de l'autre, formant couchette.

Celle de ces dames a la même dimension. Et il nous faudra reposer à cinq dans cet appartement. La moins étouffée, peut-être, sera celle qui se résignera à accepter, comme lit, le canapé ou la table du salon.

Nous sommes à bord, nos places sont retenues, il n'y a pas à reculer.

Le commandant est un brave. Il paraît animé des meilleures intentions ; très aimable pour nous, il nous offre un petit verre de guyeno, liqueur verte extrêmement forte, mélange de menthe et de curaçao.

L'ancre, on l'assure, sera levée à six heures. Nous montons sur le pont, résolues à y rester le plus longtemps possible.

Nous sommes là, juchées avec Faridé sur un vieux bahut. Notre nouvelle amie nous donne une leçon d'arabe, mais les élèves sont peu appliquées. Elles répètent quelques mots, puis s'en vont à l'autre extrémité du pont, songeant à toute autre chose qu'à leur leçon. La jeune professeur les suit pas à pas.

Soudain..., à fond de cale, des sons harmonieux se font entendre. Nous courbant beaucoup, à travers un soupirail nous apercevons les musiciens. L'un joue de la mandoline, l'autre murmure un chant plaintif... ; tous deux semblent pénétrés de leur mélodie...

Voici le commandant ; il n'a pas l'air pressé de partir. Sept heures et demie, le bateau n'a pas bougé !

A Nazareth, on est en récréation ; nous contemplons la superbe maison dominant la colline. Notre souvenir a été compris... ; des clartés rouges, puis vertes, illuminent les arcades du cloître... Sans nul doute, c'est à nous que ces feux s'adressent... Rapidement ils se succèdent, et parfois le vent nous apporte le soupir d'un dernier hourrah !

Que ne pouvons-nous répondre à ces adieux ! Nos mouchoirs s'agitent et une prière du cœur s'élève, fervente, pour demander amour et force pour ces âmes d'apôtres, toujours si délicates et si attentives !

A huit heures les feux cessent : on n'aperçoit plus que les lueurs fugitives de quelques lampes.

La lune projette ses rayons argentés sur les cimes neigeuses du Liban. La mer s'ondule, les vagues bruissent, tout se colore d'une teinte douce, uniforme, grisâtre. Un léger zéphyr caresse nos paupières alourdies, car nous sommes là, toujours devant Beyrouth, perchées sur le bahut, appuyées l'une sur l'autre.

Tout à coup Mathilde et Faridé se redressent : une énergique résolution a été prise : elles vont s'étendre sur leurs couchettes. Magdeleine les suit quelques instants après, et s'installe sur le canapé.

Neuf heures! Nos mères descendent à leur tour; elles jouissent des charmes du sofa. Magdeleine, en ce moment, repose sur une des couchettes de leur cabine.

Dix heures! Point de changement. Le cuisinier, qui s'est institué notre gardien, bâille énergiquement, en faction sur l'escalier noir; il se décide à s'étendre sur une des tables de la salle à manger. Nous rions, causons; il s'inquiète, se redresse, et vient nous surveiller d'un peu plus près.

Nous étouffons à grand' peine nos rires.

Mais le temps passe.

Nous demandons à parler au commandant.

Il est allé dîner à terre; nous désespérons de le voir revenir.

Deux heures du matin!

De nos sabords entr'ouverts, nous entendons un bruit de rames; une nacelle stoppe contre le bâtiment...

DIEU soit loué! c'est le commandant!

Il vient nous faire toutes ses excuses. Aucune n'a de valeur, nous ne nous expliquons pas la raison de ce retard.

La nuit est de plus en plus agitée.

D'épouvantables insectes viennent troubler le repos de plusieurs.

Une punaise! puis une autre! horreur!

Nous jetons un cri d'épouvante; le gardien, éploré, cherche, mais en vain, à se rendre compte de l'infamie qui vient d'être commise.

On change l'installation. Nos mères prennent leur cabine, et Magdeleine va retrouver sa sœur. A deux dans une couchette! vraiment est-ce possible? Eh bien, oui!... Il nous a fallu passer par là!...

Heureusement, l'ancre est levée depuis une demi-heure.

Soudain, nous sommes éveillées.

Un murmure, puis une sourde clameur agite l'air environnant; un frôlement de cordes, d'échelles, un clapotement prolongé de rames, tout cela avec des paroles entre-coupées de demi-appels, nous font soupçonner quelque grave événement.

Un coup d'œil jeté par le sabord nous fait comprendre toute la gravité de la situation. Une nuée de barques entourent le vaisseau, des Turcs gravissant les cordages s'agitent, se démènent.

« Sans nul doute nous allons être pillées ! », s'écrie Magdeleine, et s'enveloppant de son abaye, la voilà qui gravit l'escalier appelant le commandant.

C'est en vain .... Et le bateau stoppe.

Comme une nuée de sauterelles, ces envahisseurs s'abattent sur le pont.

Ils sont là courant de tous côtés....

L'un d'eux fait mine de vouloir descendre en notre appartement.

Aidée du cuisinier, Magdeleine l'arrête ; avec quelques mots d'anglais elle vient à bout de se faire expliquer la situation.

Ce sont des émigrés en partance pour l'Amérique. Craignant de se faire arrêter dans le port de Beyrouth, ils se sont embarqués tard et de l'autre côté de la ville, pour nous rejoindre ici, en pleine mer.

Voilà l'explication de ce retard prolongé. Tout cela prévu, réglé à l'avance, n'a surpris que nous.

Ils sont tous casés sur le pont, sommeillant entre leurs paquets. Le calme est subitement rétabli. Notre factionnaire, les bras étendus, veille devant la porte. Magdeleine a regagné la couchette jumelle. Quant à Mathilde, étendue sur la table du salon, une couverture sur le dos, elle cherche à se familiariser avec ces planches.

Nous dormons quelques heures.

3 avril.

A six heures et demie, nous changeons de place. Une

tasse de chicorée bien noire, vient, amèrement, remettre nos esprits.

A dix heures du matin, nous campons vaillamment sur le pont avec tout notre attirail de valises et de châles. Messieurs les émigrants ont filé devant nous : nous sommes à l'arrière, ils sont tous à l'avant.

Une petite fille s'éloigne à regret...., nous la voyons subitement se retourner et s'approcher, montrant une grande croix que dissimule un pli de sa tunique rose.

Elle est chrétienne, des religieuses ont veillé sur ses jeunes années. Elle ne les a point oubliées et vient à ces missionnaires aux longs voiles noirs, demander un encouragement, une prière, une parole.

Nous sommes profondément touchées de la candeur naïve de cette enfant, on lui donne ce qu'elle désire, puis elle s'éloigne avec un doux sourire....

La mer, toujours la mer, et la côte asiatique à notre gauche.

Enfin le rideau s'ouvre, la scène change d'aspect. D'instants en instants, on se rapproche du rivage. Nous naviguons sur le golfe d'Acre.

3 avril.

A droite nous distinguons Caïpha et ses toits en tuiles rouges ; au-dessus apparaît le Mont-Carmel et son grand monastère blanc. Nous saluons la Vierge d'Élie, et la célèbre grotte. A notre gauche voici Acre et ses minarets, entourée de fortifications en ruines.

Toujours fière et audacieuse, la ville des Croisés nous apparaît, dans un rayon de soleil, comme une splendeur mourante, comme une noblesse vieillie, comme un étendard transpercé.

C'est là, contre ces murailles tremblantes, que nos héros de la chevalerie ont conquis leurs blasons ; c'est là que leur sang, rougissant un auguste sol pour la plus noble des causes, mérita à la France, leur glorieuse patrie, son renom de valeur, de générosité et d'honneur.

En dehors des murs, sur une plage de sable blanc très fin, s'étendent les jardins des grands de la cité. De hauts palmiers élèvent leur cime pyramidale entre des haies de cactus, au-dessus de figuiers, d'oliviers et de mélèzes.

Gouvernée d'abord par les Ptolémées, Acre subit le joug des Romains, puis passa aux Arabes et revint à l'Égypte.

En 1004 les Croisés s'en emparent et la gouvernent 83 ans. Les grands ordres des Hospitaliers, des Templiers ou chevaliers de Saint-Jean, y prennent naissance.

Saladin en 1087 s'y établit et passe les chrétiens au fil de l'épée.

Philippe-Auguste et Richard Cœur-de-Lion, unissant leurs efforts, en 1191, s'emparent de Ptolémaïs et lui donnent le nom qu'elle a conservé. — Saint Louis y débarqua. — En 1291 le pacha d'Egypte la conquiert sur les chrétiens ; les Turcs la prennent ensuite. Enfin en 1799, Bonaparte, que 40 siècles venaient de contempler du haut des pyramides, vint échouer « devant cette bicoque » dans laquelle, disait-il, était le sort de l'Orient.

Repassant ces faits dans notre mémoire, allant de tribord à bâbord, d'avant en arrière, la lorgnette du commandant en main, nous fouillons la côte. Le port a été comblé. Le navire stoppe à une légère distance du rivage. Des canots viennent à sa rencontre. Dans l'un d'eux un indigène nous offre obligeamment ses services.

On débarque sur un affreux petit quai, large comme un pont-levis, encombré de sacs de sésame et d'outres gluantes remplies de goudron.

Des porte-faix, turcs ou persans, bousculent les malheureux étrangers avec un sans-gêne inouï.

Nous sommes engagées en d'étroits passages, un dédale de petites rues obscures et ruisselantes d'immondices.

Gravissant le perron d'une porte de couleur verte, nous traversons la cour d'une maison sans aucune apparence.

Une petite terrasse en bois peint fait le tour des fenêtres : c'est Nazareth, un Nazareth pauvre, caché, où les cœurs malgré tout sont à l'aise, où l'âme se retrempe, où l'on répare ses fatigues, où l'on prend de nouvelles forces.

La Supérieure et les religieuses accourent. On se rend à la chapelle, où résonnent déjà les éclats d'un joyeux *Te Deum.*

Nous entrons au divan avec Faridé, on nous sert un copieux repas auquel nos bons appétits font grandement honneur.

Sans perdre un instant, on envoie chercher deux jeunes Italiennes connues de la maison. Sûres de nos directrices, appuyées sur Faridé, notre interprète arabe, nous commençons la visite d'Acre.

Chapitre treizième.

SAINT-JEAN-D'ACRE.
EN ROUTE POUR CHEFA-AMER.

Après-midi, 3 avril.

Le couvent de Nazareth est situé à l'extrémité nord-ouest de la ville ; en vingt-cinq minutes à peine, nous gagnons la côte escarpée, et les plus importantes fortifications.

Sur une échelle de pierre nous escaladons la muraille, nous volons d'un mur à l'autre, toujours avançant, toujours montant.

Voici le dernier plateau, limite extrême, battu en bas par les vagues blanches d'écume, appuyé sur d'effrayantes roches. Dans un coin nous apercevons d'antiques boulets que la rouille n'a pas achevé de détruire, un éclat d'obus et des écailles de fer ; nous ramassons avec émotion plusieurs de ces débris, et supposons que ce sont les derniers projectiles du siège de 1799. De ces côtés on retrouve partout la trace du terrible conquérant, monnaies, armes, tranchées, colonnes élevées à la hâte, servant de remparts, de forts et de postes d'observation...

Jetant un dernier regard sur la mer, nous nous préparons à quitter les fortifications.

A ce moment, un Turc s'approche de notre groupe et très obligeamment s'offre pour nous faire visiter sa ville natale.

Nous acceptons volontiers, d'autant plus que nos Italiennes ne font que bavarder ensemble.

Tout d'abord se dressent les sombres prisons où les vainqueurs enfermaient leurs ennemis.

SYRIE. — SAINT-JEAN-D'ACRE.

Les factionnaires refusent l'entrée. Laissant notre guide en pourparlers, nous poussons la lourde porte et jetons un regard sur ces immenses galeries voûtées et humides. Ces prisons s'étendent en sous-sol très loin, sous les rues et les places de la cité. Aujourd'hui, elles font office de bagne.

Passant devant le Sérail, ou Palais de Justice, nous arrivons à la grande mosquée.

Au centre d'une vaste cour, ombragée de gigantesques cyprès et peuplée de fontaines, se dresse le majestueux contour de l'édifice.

Deux Turcs, accroupis sur des nattes, surveillent à l'entrée. A peine s'est-on chaussé des réglementaires babouches qu'ils soulèvent la portière.

Figurez-vous une vaste circonférence, entièrement recouverte de riches tapis. Point d'autels, pas d'ornements, seulement une sorte de niche au fond, creusée dans la muraille. C'est là que descend Mahomet pendant les prières A droite et à gauche fument de gigantesques candélabres.

Le « méhérel », ou chaire, toujours incrusté de nacre et d'ivoire, est placé sans appui un peu à droite.

Des hirondelles volant en tous sens donnent à cette mosquée une apparence d'immense volière.

En sortant, la petite troupe est renforcée d'un septième personnage. Ce n'est pas le moins brillant, ce grand nègre aux dents si blanches ! Après nous avoir examinées des pieds à la tête, il se met à rire et nous précède avec le bon Turc.

Aux bazars, nous faisons choix d'un « keffiyé » en jolie mousseline bleu ciel, garni d' « oya », dentelle en soie bleue et blanche.

Un prêtre grec schismatique nous fait visiter son église, qui est extrêmement pauvre et peu curieuse.

Nous terminons cette promenade en nous rendant chez les Franciscains. Le Père supérieur ne parle pas le français et nous ne comprenons pas l'italien, aussi la conversation est-elle peu animée.

Après avoir prié dans la chapelle, nous passons au réfectoire. Sur de très hautes tables le repas est servi, quelques dattes, des olives, de l'eau, voilà le souper du jour.

Nos guides nous ont quittées aux bazars. A Nazareth on remercie les Italiennes, et, vite, le perron disjoint est escaladé.

Soirée du 3 avril.

Le dîner ne manque pas d'animation.

Mais il nous faut gagner un gîte au dehors. Ici, tous les lits sont occupés.

Une Syrienne, cousine et amie de Faridé, nous ouvre sa maison.

On prépare la chambre d'honneur. Les fenêtres l'entourent de trois côtés ; j'en compte six sur les rues, et deux sur la cour vitrée ou hall.

Triste nuit que celle-là. Malgré nos moustiquaires nous sommes assaillies d'insectes volants contre lesquels il nous faut guerroyer sans cesse.

Jeudi, 4 avril.

A sept heures du matin, le grand jour nous éveille. A peine avons-nous commencé notre toilette que la porte s'ouvre à deux battants.

Deux rangées de femmes, placées là comme pour un spectacle, avançant la tête pour mieux voir, nous examinent curieusement.

Nous demandons une explication.

La femme de chambre a été réunir toutes ses amies, sachant que rien ne les divertirait davantage que d'assister à la toilette et au repas de deux « Franzaoués » !

Elles sont à la comédie gratis. Des deux côtés se fait une étude de mœurs.

Ces braves femmes ne se gênent pas ; nous rions de leur étonnement et tâchons de les trouver toutes « ketir chalabillé », très belles.

La belle-mère de notre hôtesse étale à nos yeux sa brillante coiffure ; c'est une perruque d'où partent de longs fils de soie qui retiennent des pièces d'or de tous pays.

Elle nous offre le tout pour cinquante napoléons. Ce serait une jolie curiosité, mais pour faire pareil marché il faut être fin connaisseur.

Après avoir pris le café arabe, nous retournons à Nazareth.

A onze heures, grande séance aux écoles. On passe les examens. La plupart de ces enfants ne paraissent pas intelligentes. Nos mères doivent avoir bien de la peine avec de semblables écolières. Le peu qu'elles apprennent est vite oublié.

Par contre, toutes sont très adroites. Ici, les ouvrages à l'aiguille sont remarquables.

Jeudi, 4 avril.

A deux heures de l'après-midi, nous sommes en route avec Mme C... et Mme D..., pour visiter le potager de Nazareth, situé en dehors de la ville.

La promenade est charmante. Nous côtoyons la mer. Mais la chaleur est accablante. Nous nous désaltérons au jardin avec quelques feuilles de salade trempées dans l'eau.

Une demi-heure après, nous nous dirigeons vers le jardin persan.

On nomme ainsi le lieu où, dans les jours d'été, le fils du Soleil se repose à l'ombre des palmiers sur le bord du ruisseau qui passe en ce parterre.

Au retour, nous visitons l'église paroissiale ; sa pauvreté nous étonne. Dans cette ville de 10.000 habitants, dont près de 3.000 sont catholiques, il est pénible de voir si peu de zèle pour le culte de la vraie foi.

Les chrétiens, toujours divisés, toujours en lutte, s'inquiètent seulement de maintenir leurs droits respectifs.

Sur la terrasse du clocher, nous admirons le magnifique

panorama qui se déroule devant nous, la mer immense, de frêles esquifs battus par les flots... Au loin Caïpha et le mont Carmel.

Oh ! pourquoi sommes-nous seules à contempler ces grandeurs! que ne pouvons-nous faire partager notre enthousiasme à quelqu'un des nôtres ! ! !

Vendredi, 6 avril.

A deux heures de l'après-midi nous quittons Acre pour nous rendre à Chefa-Amer.

Afin de ne pas attirer l'attention des indigènes, assez hostiles aux Européens, nous traversons la ville à pied, et passons en dernier lieu devant l'ancien monastère des Filles de Sainte-Claire, aujourd'hui transformé en « Khân ».

Lorsque les Hospitaliers, repoussés par le nombre considérable des armées turques envoyées pour reprendre possession de la ville, se préparaient à capituler, l'abbesse de ce monastère réunit ses religieuses et les exhorta ainsi :

« Mes filles, nous avons à choisir entre le déshonneur et
» la mort. Rappelons-nous que nous avons consacré notre
» virginité. Si vous m'en croyez, vous prendrez le seul
» moyen de résister aux passions brutales des musulmans.
» Suivez mon exemple et sacrifiez votre beauté. »

A ces mots elle saisit un rasoir et se coupe le nez jusqu'à la racine. Les religieuses l'imitent, puis on ouvre les portes et les Sarrasins, terrifiés à la vue de ces visages sanglants, donnent la mort à ces martyres de la virginité.

Cependant, nous sommes en dehors de la ville, enfourchant sans trop de peine de petits ânes.

Celui de Mme C..., le plus intéressant, est gris ; une de ses oreilles est à demi coupée et il ne manque à l'autre que l'extrémité. Il aime par-dessus tout son bien-être, et deux fois s'étend nonchalamment sur de tendres épis verts.

Les nôtres n'ont rien à se reprocher. L'un d'eux est habituellement en tête de la caravane. Deux moukres nous précèdent à pied.

Pendant trois heures nous cheminons à travers une plaine fertile et monotone. Enfin, voici une colline couverte de frondaisons verdoyantes ; nous la gravissons, passons à l'ombre d'oliviers et de palmiers, puis nous arrivons heureusement au pont.

Chefa-Amer est une sorte de bourg. Tout le monde se connaît. Le couvent de Nazareth est la paroisse, l'hôpital et l'école. Les enfants sont vifs, intelligents, travailleurs. Ils diffèrent en tout de leurs ignorants voisins d'Acre. Les maisons, toutes à terrasses, sont blanches, hautes, relativement propres. L'air est pur et fortifiant.

A cinq heures du soir, après nous être reposées dans la si agréable chambre qui nous a été préparée à l'infirmerie de la communauté, nous montons avec les religieuses en haut d'une colline voisine, rocailleuse, escarpée et néanmoins fleurie.

Nous jouissons d'une jolie vue sur Chefa-Amer. Cette gracieuse bourgade est située sur le plateau d'une colline. Un grand et vieux castel transformé en sérail s'élève au centre des habitations. On aperçoit, en face, les ruines d'une tour, vestiges du passage des Croisés. Qu'il est doux à nos cœurs de rencontrer partout des souvenirs français !

A gauche, voici le village de Zébulon, ancien domaine de la célèbre tribu. En avant de l'immense plaine que nous venons de traverser, nous apercevons Acre, sa mosquée, et le cœur devine le clocher qui abrite encore la Révérende Mère. Que ne peut-elle nous suivre aux pays du CHRIST!

La petite maison de son Ordre est ici particulièrement fraîche et jolie, tout y respire le calme et la paix.

Chapitre quatorzième.

CHEFA-AMER. — A TRAVERS LA GALILÉE.

Samedi, 6 avril.

LES cris joyeux des petits garçons de la Galilée en tunique de soie et tarbouch d'un rouge vif, nous ont éveillées ce matin.

Ils doivent se réunir en ce jour anniversaire de la résurrection de Lazare, pour figurer devant nous le tableau évangélique. La scène sera reproduite dans une des salles du couvent.

En attendant, nous nous rendons chez le prêtre latin qui doit nous accompagner en dehors de la ville.

Dans le pauvre presbytère, nous trouvons les missionnaires.

Après avoir pris le café d'usage, nous allons avec l'un d'eux aux célèbres grottes sépulcrales de Chefa-Amer. Elles se trouvent sur le versant d'une colline émaillée de fleurs. Toutes sont ornées de guirlandes, de la colombe symbolique, ou de lions finement sculptés, dans le style byzantin. On y retrouve des verreries à reflets d'or et d'argent. Ces objets sont d'une finesse exquise ; on les fait remonter aux Phéniciens. La moindre écaille de ces verres a une grande valeur ; on vend en Amérique de ces petites coupes au prix de deux cents, et trois cents francs.

Au retour, nous assistons à Nazareth à la pantomime des enfants. La séance terminée, on récite un très long compliment à la Supérieure. On lui souhaite des jours aussi « nombreux que les grains de sable de la mer », on demande que DIEU bénisse ses vertus « plus innombrables que les étoiles du firmament. »

A deux heures il faut songer au départ. Le moukre est là, les montures sont prêtes... En route pour Caïpha et la Terre-Sainte ! ! !

Maintes et maintes fois nous nous retournons en traversant la forêt d'oliviers. Chaque arbre nouveau nous éloigne de cette gracieuse bourgade où nous avons tant admiré le travail de ces vierges infatigables, réunissant à peu près toutes les œuvres chrétiennes malgré leur petit nombre. Elles ne sont que trois. A Chefa-Amer, comme partout, il y a lutte. La politique anglaise est là pour activer le prosélytisme protestant, qui ne se ralentit nulle part.

« Nos vaillantes chrétiennes des congrégations, m'écrivait la vénérable Supérieure, luttent avec avantage pour empêcher les petites filles d'aller chez les Anglaises, mais les hommes se laissent entraîner. » Monsieur Guérin émet la pensée que Chefa-Amer est la patrie de la mère des Macchabées, qui, avec ses fils, soutint le martyre avec tant d'énergie.

C'est peut-être un héritage, car, contrairement à la mollesse orientale, les femmes ont, dans ce petit coin de terre, une énergie rare. Elles sont fortes et laborieuses et luttent sans peur pour conserver la foi.

Aussi cette population est-elle particulièrement chère aux religieuses de Nazareth.

Nous aimons à contempler ces femmes si belles, à la physionomie franche, aux yeux longs et noirs. La taille bien cambrée, elles marchent fièrement, heureuses de n'être pas soumises à la contrainte musulmane !

Leur costume indique ce qu'elles doivent être. Elles portent de larges pantalons en toile bleue ou blanche, montant depuis la cheville jusque bien au-dessus de la taille, une tunique à trois pans jetée sur les épaules et un fichu sur la tête. Les épaules et les bras sont étincelants de médailles et de bracelets.

Quatre heures de route avant Caïpha ! Et les jumelles,

montées sur leurs baudets, cheminent en songeant au divin Maître qui souvent a passé par là, à la chère famille absente, à leurs amies, à Jeanne, qu'elles voudraient tant voir, chevauchant à leur côté.

Le bon moukre, en arrière, ramène dans le droit sentier le petit âne gris chargé des bagages, qui, deux fois déjà, ont roulé dans la poussière !

Quelques files de chameaux, des fellahs montés sur des coursiers arabes, la charrue de bois en croupe, çà et là des buffles qui surgissent au tournant d'un sentier, tels sont les êtres vivants que nous rencontrâmes.

Cette solitude dans la plaine de la Galilée produit une triste impression.

Un arrêt forcé, causé par la chute d'une selle, nous permet de nous reposer quelques instants.

Bientôt, nous traversons une plaine fertile. A gauche s'étendent les montagnes du Liban, au loin on aperçoit encore les terrasses blanches d'Acre, en avant la mer et le Carmel !

Mais, nous voici sur la plage ensablée, trottinant presque dans la mer qui déferle en perles argentées.

Le paysage s'anime. Les femmes, de grandes marmites sur la tête, des Turcs, des indigènes vêtus à l'européenne, nous précèdent dans la riante cité. On nous regarde avec étonnement.

Il est six heures et demie du soir, nous avons hâte d'arriver à Nazareth ! La caravane stoppe devant une jolie maison cachée dans un bois de verdure et baignée dans la mer.

Le porche s'ouvre, nous courons avec bonheur au-devant de Mme Ch., vieille connaissance déjà, et de Mme G., la Supérieure du Nazareth de Caïpha.

Nous n'avons que bien peu de temps à passer dans cette oasis... Demain, à cinq heures du matin, il faudra nous embarquer pour Jaffa.

Au sortir de la Ville Sainte nous reviendrons y faire plus ample connaissance.

Pour atteindre notre appartement, il nous faut traverser le jardin. La chambre est située un peu en hauteur, presque isolée du corps du logis ; on y jouit d'une vue superbe sur la mer.

Sur la table, nous apercevons le timbre de France... Une lettre ! une lettre ! Ces feuilles écrites par notre amie Jeanne viennent mettre le comble à notre bonheur en nous apportant un souvenir de la Patrie.

Chapitre quinzième.

CAÏPHA. — A BORD DE L'ESPERO.

Dimanche, 7 avril.

LA nuit a été pénible. Armées de serviettes humides, nous tournons et retournons nos moustiquaires, cherchant à mettre en fuite d'insupportables hôtes.

Rien n'y fait, et il faut reposer bercées par un bourdonnement incessant.

Trois heures un quart du matin.

On frappe ! Qui va là ?

« Vite, le bateau arrive, Monsieur le Consul est là, il faut vous préparer ! »

Comment ! comment ! sitôt ?

Supposant une fausse alerte, nous refermons nos paupières alourdies...

Mais... une autre Sœur, une Syrienne accourt : « Yallah, Yallah, le bateau stoppe. »

Sur ce pressant appel nous voici debout.

Mme Chaize, notre nouveau mentor, vient elle-même nous presser et nous avertir que l'heure du départ est avancée, de deux heures !

Nous sommes en retard, très en retard, la bousculade commence. Éponges, souliers, pharmacie, n'importe comment tout est fourré dans la malheureuse couverture, secouée, tirée, écartelée !

Enfin tout y est.

Au revoir, à DIEU, et voici la caravanc au pas de course

à travers les arcades, ruelles, places de la pauvre petite Caïpha complètement endormie.

Presque en silence, tant il faut marcher vite, nous suivons Mme Chaize, M. Bertrand, ses cawass et Melle Marie-Louise, avec qui nous aurons le plaisir de visiter les sanctuaires de Jérusalem.

Voici le port. Une barque s'avance. On se jette les uns sur les autres. Balancées sur les flots à la lueur d'une faible lanterne, nous commençons à reconnaître nos voisins et à reprendre haleine.

Au loin l'*Espero*, grand phare mouvant, fait retentir les ondes de ses derniers appels.

Une, deux, trois, sur le pont, l'échelle est escaladée. Tous les salons sont occupés... Après quelques difficultés, Monsieur le Consul parvient à nous faire descendre dans une cabine de première.

La traversée est bonne ; nous dormons, Mathilde et moi, sur les couchettes, Mme Chaize et Marie-Louise sur le canapé.

Onze heures et demie. Nous arrivons pour la seconde fois sous les murs de Jaffa.

Ici nouvelle presse, invasion des bateliers turcs et des agents Cook. Nos paquets, heureusement, sont sous clef dans la cabine. Debout à l'entre-pont, nous examinons les barques nouvellement arrivées.

M. Bertrand a annoncé notre passage, voici le canot du consulat. Le chancelier et un cawass nous invitent à descendre.

La petite échelle est encore assaillie. La cravache et le terrifiant regard du janissaire sont plus utiles que jamais en cette occurrence.

Enfin, valises, couvertures, tout y est. La mer est bonne, nous glissons rapidement sur les vagues qui sommeillent.

Jaffa, bâtie sur une colline en amphithéâtre, eut jadis un beau port. Mais les siècles, aidés par l'incurie musulmane, l'ont rendu inabordable aux vaisseaux.

JAFFA.

Le débarquement s'effectue dans des canots, à travers mille récifs, ce qui rend l'accès du rivage pénible, et même dangereux.

Sans encombre, pourtant, nous arrivons sur le quai. Nouveaux appels, nouvelle presse ; pêcheurs, marchands, caisses, filets, nacelles, tout se choque et s'étouffe, hommes, bêtes et choses.

On passe à la douane. Un porte-faix se charge de nos colis. Il nous précède à Casa-Nuova. Accompagnées d'une petite Sœur converse des Carmélites de Caïpha, nous le suivons à six pas en arrière, selon la règle.

Mme Chaize et M. L. sont allées au consulat, où, fort aimablement, on nous avait invitées à déjeuner ; mais nous n'avons accepté que pour le retour.

En leur absence, nous nous présentons chez les bons Pères franciscains. Leur hospitalité si cordiale et si généreuse se rencontre là comme partout en Terre-Sainte. Le Père Supérieur nous reçoit avec bonté et nous conduit en haut, à la chapelle.

Devant le maître-autel doré, agenouillées sur la dalle humide de la grande nef, nous supplions la Victime eucharistique de veiller plus que jamais sur les deux petites Françaises. Nous demandons la grâce de savoir profiter de ces voyages. A dix-huit ans, on sait peu de choses, et quand les désirs sont grands, on sent le besoin d'appui, de conseils, de forces. N'est-ce point au pied des autels que se déversent toute aide, toute consolation, toute lumière ?

Un peu en arrière, la religieuse carmélite prie pour ses sœurs et pour sa patrie ; à l'ombre d'un pilier, le Franciscain, agenouillé, égraine son Rosaire.

Enfin, nous nous levons, plus affermies et plus fortes. Par les cloîtres en pente, le Père nous précède, il nous conduit au réfectoire des pèlerins.

Chapitre seizième.

DE JAFFA A JÉRUSALEM.

Dimanche, 7 avril.

MIDI, nos compagnes nous rejoignent, on se met à table.

Le repas est simple ; n'oublions pas de noter la soupe à l'huile, le riz et le sirop de rose.

Un évêque capucin, revenant des Indes, nous intéresse à ses missions. On trouve des difficultés là-bas comme en Palestine ; cependant, il y a plus de ressources et de force dans les âmes.

Une heure dix minutes. « Staglé, » vite, vite, dépêchons-nous, la gare est dans les sables, très éloignée de la côte ! Le petit train de Jaffa part à une heure et demie. Et les pauvres voyageurs harponnent valises, sacs, couvertures, courant, gesticulant, au hasard.

Avec une voiture, nous arrivons grandement à temps ; mais les bonnes places sont prises, et le cavass ne trouve pas moyen de déloger un seul de ces désastreux envahisseurs !...

Ici, seconde et troisième classe sont même chose ; il n'y a point de séparation, point de coupé : c'est un grand wagon à banquettes en bois, placées comme dans les omnibus.

L'on doit se caser à trente là-dedans, les paquets sur les genoux, car le banc du milieu forme siège ; on s'y installe dos à dos. Quatre places encore : c'est là que nous devons camper.

Une demi-heure..., une heure..., le train ne part pas encore. Oh ! ces heures arabes, il en faut compter deux pour une.

Nous examinons nos compagnons de route.

Là-bas, un vieux musulman décrépit reçoit les hommages

de ses deux femmes ; ici, une famille turque se partage les membres de maigres pigeonneaux et avale des tartines de viande pilée, très fortement épicées.

De l'autre côté, un Autrichien, une smalah juive, une autre allemande. En face une religieuse du Bon-Pasteur, petite, forte, le visage épanoui, ruisselant de chaleur ; pour ne pas mourir de soif, elle presse une orange et en extrait le jus. A sa gauche, se tient correcte et droite une Polonaise, au teint diaphane, aux mains longues et blanches. Elle promène de côtés et d'autres un regard indifférent. Elle connaît plus de dix langues, et en parle couramment plusieurs.

A l'angle de ce coin une jeune Parisienne, à taille de guêpe, le chignon dans le cou, s'appuie contre la guimpe de la pauvre Sœur ; pâle, l'air anéanti, elle semble prête à défaillir ; les nerfs seuls la soutiennent !

Ah ! pauvre abeille, vous regrettez la capitale ; que n'êtes-vous restée à votre comptoir !

Enfin, la machine siffle, les wagons s'ébranlent..., en route pour Jérusalem ! Pour Jérusalem !

Ah ! quelle poétique chose ! quel idéal ! quel rêve ! et qu'il ferait bon de s'établir déjà par la pensée dans ces hautes régions, si, hélas ! on n'était pas subitement rappelé à la triste réalité par les prosaïques gémissements d'une de nos musulmanes.

Elle était là avec ses deux enfants. Au moment du départ, l'employé lui demande ses billets. Il en manque un. Sa fraude est découverte, et le train va s'ébranler ; la petite fille, comme inutile, est sacrifiée ; on la fait descendre et elle reste là, ne sachant que faire ; heureusement les bons anges sont partout, ils sauront la diriger et feront mieux que les inutiles gémissements de cette triste mère.

Nous traversons une suite de plaines très fertiles, et stationnons quelques instants à Lydda, puis à Ramlé.

On rencontre fréquemment des groupes de maisonnettes en terre ; ce sont les villages chétifs et misérables de la Judée.

De pauvres enfants en guenilles, çà et là, gardent les troupeaux. Parfois, une rangée de femmes, debout, vêtues d'un sarrau bleu et d'un long voile de même teinte, posé sur leur chevelure sombre, s'arrêtent et contemplent, étonnées, cet échantillon de la civilisation européenne, qu'elles comprennent si peu !

Nous laissons la plaine de Saron. Graduellement la végétation diminue pour s'éteindre tout à fait.

Au pied des montagnes, la vie cesse, et le sol dépouillé laisse voir partout des amas de roches calcaires.

Encore quelques chênes nains, des lauriers-roses, de longs ceps de vigne rampants et comme égarés sur les pentes abruptes ; dans les profondeurs des vallées, encore de rares oliviers, et puis, rien, plus rien aux abords de Jérusalem.

L'aspect de ces lieux est vraiment étrange. La main de l'homme ne se montre nulle part. « Ces gorges étroites, remplies de pierres aiguës, dit le Père de Damas, ces sentiers en corniche ouverts dans le roc par l'impétuosité des eaux en fureur, toute cette nature calcinée par un soleil implacable, tout y est l'œuvre des vents qui dévastent et des torrents qui creusent. »

Telle est cette terre maudite, jadis si fertile, maintenant infructueuse et désolée à tout jamais !

Une des nôtres peut gagner une vitre, et, près de la jeune Polonaise, elle contemple ces sombres grandeurs, essayant d'oublier ainsi les cris et les supplications de la musulmane, qui semble avoir retrouvé toute la délicatesse et la tendresse d'une mère pour pleurer son fils, descendu à une gare pour chercher de l'eau, et remonté dans un des derniers wagons.

Elle nous maudit tous. Les poings fermés, elle menace le Ciel, et conjure Mahomet de lui rendre son « unique ». Nous avons aussi deux malades, et un petit enfant juif qui ne cesse de gémir.

Cinq heures du soir ! Après bien des détours, nous sommes arrivées, enfin, au terme de ce voyage ; la machine siffle, le train s'arrête...

Nous sommes à Jérusalem !

Chapitre dix-septième.

JÉRUSALEM. — LE SAINT-SÉPULCRE.

La gare est située dans le fond d'une vallée. Il faut monter une longue avenue, traverser un des nombreux quartiers juifs, aux maisons blanches et basses, aux fenêtres jumelles, avant d'atteindre la porte de Jaffa.

Un janissaire du consulat nous attend ; il nous fait monter dans une des rares « carossa » de l'antique Sion.

Nos coursiers gravissent légèrement la pente de la colline ; ils franchissent l'enceinte ; nous voilà sur les monts sacrés d'Acra et de Moriah, sur lesquels s'étend la Jérusalem actuelle.

Dans nos âmes un frisson de crainte, puis de joie, nous fait tressaillir et sourire simultanément. De joie! nous sommes sur la terre rougie par le sang du CHRIST ! De crainte et de faiblesse, qu'allons-nous faire ? qui va nous recevoir ?

Oh ! filles de peu de foi, DIEU n'est-il pas avec ceux qui l'implorent ? et si vous avez DIEU ! que pouvez-vous craindre avec Celui qui ne délaisse jamais ?

Le cawass fait arrêter la voiture devant le nouvel et magnifique établissement des Pères de l'Assomption, à Notre-Dame-de-France.

Le Supérieur, le vénérable Père Germer, entre au parloir. Timidement, notre sage conductrice lui demande l'hospitalité. Elle nous est cordialement et largement offerte.

Nous traversons un long cloître, bien austère, que la charité a garni de petites portes blanches, précieux logis pour les pèlerins de France.

Chacune des chambrettes a une étiquette spéciale. La cellule « Notre-Dame des Vocations » fait battre nos cœurs.

Mais, nous passons, traversons la grande cour des novices, et arrivons à Sainte-Monique.

Sainte-Monique, jolie maisonnette située au-delà du jardin, est l'appartement réservé aux dames : ce fut le nôtre.

Nous avons quatre chambres, une salle à manger et un salon.

Joyeusement nous nous installons en cette nouvelle demeure, dont les pierres blanches et les peintures fraîches dénotent la construction récente.

Nous sommes bien, toutes les deux, en notre cellule à double lit ; nous ouvrons la fenêtre, mais on ne peut y jouir d'aucune vue, si ce n'est cependant de la pente rocailleuse d'une aride et déserte colline.

Nous laissons ce panorama si triste, pour nous rendre toutes les quatre à la grande et pieuse chapelle de nos charitables hôtes.

Il tarde à nos cœurs de remercier le divin Maître de la grâce qu'il veut bien nous faire de visiter les lieux témoins de ses souffrances et de ses luttes. Nous prions pour la France, pour la famille, pour l'heureuse issue de ce voyage et pour la gloire de DIEU et de son Église.

A six heures, nous regagnons notre logis, songeant gaîment au lendemain.

M. Ledoulx, consul de France, est annoncé ; le célèbre Frère Liévin veut bien aussi répondre à la demande de M. Bertrand.

On remplit le cadre de ces quatorze journées afin qu'il n'y ait point de temps de perdu.

Nous ne pourrions débuter sous de meilleurs auspices, le Frère Liévin sera notre guide et mentor, M. Ledoulx notre protecteur.

A huit heures et demie du soir, après avoir salué le soleil s'effaçant sur la colline rocailleuse, nous nous endormons d'un profond sommeil, remerciant DIEU et les anges de leur toute-puissante protection.

Lundi, 8 avril.

Matinée : LE SAINT-SÉPULCRE. — Ce n'est pas une prose, c'est un chant qu'il faudrait emprunter aux anges pour dépeindre cette basilique, tout entière relique insigne, puisque ses voûtes sombres et caverneuses recouvrent les cinq dernières stations du chemin de Croix.

Ici, JÉSUS fut dépouillé de ses vêtements, attaché au bois de la Croix ; c'est ici, qu'après trois heures de la plus douloureuse agonie, le Sauveur expira. Les saintes femmes, aidées des Apôtres Pierre et Jean, ici, le descendent de la Croix, embaument son divin corps et le déposent dans cette grotte, aujourd'hui noyée dans les marbres et les dorures.

Et c'est là que nous sommes, à genoux, cherchant des larmes en nos cœurs pour faire éclater nos transports ; parlant de contrition, d'amour, baisant chaque pierre des stations.

A sept heures du matin nous avions reçu l'absolution dans l'église des Franciscains, à Saint-Sauveur ; à neuf heures et demie, précédées par le Frère Liévin, nous entrions au Saint-Sépulcre.

Après nous être agenouillées un instant sur la pierre de l'onction, où JÉSUS fut embaumé, nous pénétrons à notre tour sous la coupole, où l'on s'entasse pour se glisser ensuite un à un dans le rocher sépulcral qui abrita pendant trois jours le corps ensanglanté du Seigneur.

Nous assistons à la messe et communions à l'entrée de la grotte, et puis, nous avançant encore dans cet obscur caveau, nous baisons la pierre sanctifiée par l'attouchement du corps du Sauveur.

Un parfum de rose et d'encens s'échappe de ces pierres polies par les lèvres contrites de milliers de pèlerins se succédant à l'infini dans cet auguste lieu, confessant ainsi le

JÉRUSALEM. — L'ÉGLISE DU SAINT-SÉPULCRE.

plus grand des miracles, le plus sublime des abaissements.

La voix de notre guide nous rappelle ; gravissant quelques marches, nous arrivons au faîte du Golgotha.

Deux grands autels s'élèvent en cet espace étroit. Le premier appartient aux Latins ; c'est le lieu où JÉSUS fut dépouillé de ses vêtements et cloué sur la Croix.

Le second, desservi exclusivement par les Grecs schismatiques, est placé à l'endroit même de l'érection de la Sainte Croix : c'est le Calvaire.

Ici, JÉSUS pria, souffrit, expira pour ses bourreaux, pour tous les pécheurs, pour nous.

Ici, tous les peuples, toutes les tribus, tous les mondes se succèdent à genoux, pleurant, souffrant, expiant, gémissant de ne pouvoir teindre de leur sang cette terre éloquente dans sa muette impassibilité.

A droite et à gauche de cet autel, deux plaques en cuivre indiquent l'endroit où furent élevés les deux larrons.

A droite, se voit, à une très grande profondeur, la fente du rocher ; un des blocs est entièrement détaché de la pierre environnante.

Nous descendons les marches. Outre les cinq dernières stations du chemin de Croix, on vénère en cette basilique une suite de chapelles qui font transept, et qui, toutes, rappellent un mystère, une souffrance de la vie de JÉSUS.

Ici, le Sauveur se montre à Marie-Magdeleine ; là, il apparut à sa Mère ; un peu plus loin nous prions dans l'étroite et sombre caverne où le Sauveur fut lié et enfermé tandis que ses bourreaux préparaient le bois du sacrifice.

Voici la chapelle élevée à l'endroit même où saint Longin se convertit et fut inhumé.

Ici est une autre chapelle, dédiée à sainte Hélène. Près de là on descend plusieurs marches, c'est le puits où furent retrouvées les trois croix et divers instruments de supplice.

Les Juifs, selon la loi, devaient se purifier plusieurs fois après avoir touché ces objets, regardés comme impurs.

La Pâque étant proche, les bourreaux, pour ne pas creuser, jetèrent tout dans ce puits.

Un peu plus loin, on nous montre les tombeaux de Godefroy de Bouillon et de son frère Baudoin. Aujourd'hui, les sarcophages recouverts servent de bancs.

A travers un grillage, en dessous du Calvaire, se voit encore la fente du rocher qui se prolonge au loin.

Sem, Cham et Japhet se partagèrent les restes de notre

JÉRUSALEM. — LA CHAPELLE DU CALVAIRE.

premier pere. Le crâne d'Adam échut à Sem, qui, selon toutes les traditions, le déposa au Golgotha. Un petit autel rappelle ce souvenir.

A gauche du chœur, dans un pan de muraille, on vénère une partie de la colonne de la flagellation. Tout au fond de la nef, dans une sorte de caverne assez spacieuse, se découvrent, creusées dans la pierre, des cavités servant à contenir des cercueils. Ce devait être le caveau sépulcral de la famille de Joseph d'Arimathie. Il touche en effet la grotte du Saint-Sépulcre que le disciple de JÉSUS, comme chef de famille, devait s'être réservé.

Les Anglais considèrent Joseph d'Arimathie comme un des patrons de la Grande-Bretagne. Un peu après l'Ascension de Notre-Seigneur, Joseph, s'étant rendu en France, passa en Angleterre, où il mourut et fut inhumé.

Le chœur de la basilique appartient aux Grecs schismatiques. Comme à l'autel du Calvaire, une profusion de richesse y est déployée.

Coptes, abyssins, arméniens catholiques et schismatiques, maronites, latins, syriens, grecs soumis et non soumis, tous les peuples, tous les rites, s'attachent à quelque endroit de ce sanctuaire et confessent, par l'ardeur qu'ils déploient à veiller sur l'autel possédé, le prix inestimable de cette terre exhalant à jamais les senteurs purifiantes des larmes, du sang et des sueurs d'un DIEU crucifié volontairement par amour.

C'est ainsi que nous achevons la visite de cette basilique, passant à travers une marée montante de femmes au long voile bleu, côtoyant janissaires, Grecs à chevelure bouclée, rehaussée par le cylindrique bonnet noir. — Bédouins, bethléémites, fellahs et Russes, tous vont et viennent dans ce flot humain, passant à tout hasard entre deux colonnes sombres, pour se heurter contre un pénitent couché sur la dalle humide, allant des souterrains obscurs à l'autel d'une station aux ostensoirs multiples, étincelant d'or et d'argent, toujours se frappant la poitrine, toujours baisant l'antique et vénérable pierre du mystère invoqué.

Encore un long regard jeté sur le tombeau du Sauveur et nous rentrons au logis, accompagnées toujours par le bon Frère Liévin, car nous ne saurions encore retrouver le chemin de Notre-Dame de France.

Les rues de Jérusalem, en partie transformées en bazars, sont encombrées, glissantes et malpropres, irrégulières à l'excès comme dans toute cité orientale.

Des arcades servant à relier un appartement à l'autre sont souvent jetées au-dessus de la voie publique et l'obscurcissent encore.

Le va-et-vient des lourds chameaux rend la circulation difficile.

Souvent les ruelles, comme à Naples, ne sont que de larges escaliers, système inventé avec les baguettes de fer transversales, pour empêcher un peu le déploiement des caravanes.

La Jérusalem actuelle, peu agréable au dedans, peu jolie au dehors, curieuse seulement par le ruban des fortifications séculaires qui l'entoure, n'offre que bien peu d'intérêt au simple touriste. Mais elle ravit l'âme du chrétien qui, éclairé par les lumières de la foi, y découvre, l'Évangile à la main, tous les mystères de la vie de JÉSUS.

Pas à pas on le suit, de sa triomphale entrée par la porte Dorée à la salle des festins eucharistiques. On le suit d'Anne et de Caïphe chez Pilate. On gravit la pente douloureuse du Golgotha. « A un jet de pierre » du Jardin des Oliviers, on trouve la grotte de l'Agonie.

Une suite de lépreux en guenilles assaillent le voyageur de petits cris plaintifs et lui demandent un secours au nom du Sauveur qui en soulagea tant.

Le peuple réprouvé, qui porte au front la honte de sa condamnation, baisant les pierres du temple, parle et de son ancienne gloire et de l'opprobre qui rejaillit sur sa postérité.

Cette terre, jadis si fertile, maintenant désolée, ces rochers, ces tombeaux, ces crevasses, ces aridités, parlent d'une ancienne fécondité et de la malédiction qui neutralise à jamais tous les dons passés.

Parvenues au seuil de nos chambrettes respectives, nous nous félicitons d'être conduites et dirigées par un guide aussi expert.

Le Frère Liévin, auteur du célèbre ouvrage en trois volumes qui éclaire le voyageur sur toute la Palestine, est très érudit en matière théologique et en tout ce qui concerne la configuration et l'histoire de la Terre Sainte.

Il comprend toutes les langues européennes, en parle couramment plusieurs, ainsi que le grec, l'arabe, l'hébreu et le latin.

Très bon, très complaisant, il a toujours le mot pour rire. Cela repose et délasse le pèlerin.

Un grand bon sens, une haute intelligence, le font respecter par tous. Sa justice est reconnue par les Turcs eux-mêmes.

L'acheteur et le vendeur ne sont-ils pas d'accord? Le jugement du Frère Liévin clôt immédiatement la discussion.

Combien de fois nous sommes-nous servies de son nom pour effrayer les voleurs des bazars !!!

Chapitre dix-huitième.

LE MONT SION ET SES ALENTOURS. — LE CÉNACLE. — LA VOIE DOULOUREUSE. — SAINTE-ANNE. — — GETHSÉMANI. — LE TOMBEAU DE LA VIERGE.

Samedi 8 avril.

A DEUX heures et demie, bravement la petite caravane se met en marche, attentive aux moindres remarques et narrations de son infatigable guide.

Le bazar, où les types les plus étranges se rencontrent, occupe tout d'abord notre attention ; puis nous arrivons à un carrefour où nous pouvons contempler la Tour de David.

Ce reste, le plus ancien de la Jérusalem antique, est aujourd'hui une citadelle qui domine la cité. Une partie de la garnison turque l'occupe.

Nous saluons à quelques pas de là l'endroit où Notre-Seigneur, après sa Résurrection, rencontra les trois Marie.

Puis nous pénétrons dans une chapelle grecque-schismatique érigée sur la maison d'Anne, beau-père de Caïphe.

Un prêtre lit à haute voix le récit de la Passion, les fidèles, d'ailleurs peu nombreux, accroupis sur des nattes, l'écoutent attentivement.

A gauche, nous baisons la plaque commémorative de l'insulte que souffrit JÉSUS, bafoué par un soldat.

A la sortie, un des assistants nous asperge avec de l'eau de rose. Cette cérémonie, toute nouvelle pour des Européens, nous amusa beaucoup.

Adossé au mur de la chapelle, notre honoré guide nous

fait remarquer des rejetons d'un vieil olivier. C'est là que la troupe brutale attacha Jésus pour se rendre plus libre, en attendant les pharisiens et les docteurs qui devaient se réunir pour préparer l'infâme déicide. De là nous nous rendons au quartier arménien. Leur église, très somptueusement ornée, est une des plus curieuses de Jérusalem au point de vue des arts.

Dans le chœur, une centaine d'hommes accroupis sur des nattes répètent à haute voix les prières de l'officiant. Les femmes suivent la cérémonie dans les tribunes grillées.

Nous récitons les prières pour gagner l'indulgence à l'endroit où fut décapité saint Jacques le Majeur, par ordre d'Hérode Agrippa.

En nous acheminant au « Cénacle » par de tristes ruelles, nous côtoyons pour la première fois des lépreux.

On a tant parlé de ce terrible fléau, l'imagination se le représente tellement repoussant, qu'il est impossible de ne pas éprouver un moment d'effroi en rencontrant pour la première fois ces pauvres êtres. Peu à peu, cependant, on s'accoutume à les voir.

Bannis de la société, comme au temps de Notre-Seigneur, les lépreux ont leurs quartiers à Jérusalem. Jadis ils en sortaient peu, maintenant on les rencontre partout. Aussi, la lèpre, loin de diminuer, tend à augmenter ; des villages entiers sont peuplés de ces infortunés. Siloé est leur capitale.

Il y a deux léproseries à Jérusalem ; la charité et le gouvernement leur assurent le pain quotidien. Les religieux (les Franciscains et les Sœurs de saint Vincent de Paul) leur prodiguent les soins essentiels avec une abnégation touchante.

Bientôt nous gravissons une dizaine de marches et pénétrons dans le sanctuaire où les miracles les plus éclatants se sont accomplis.

Le Cénacle. — Oui, la voilà bien, cette « salle haute » dont parle l'Évangile.

C'est un grand rectangle dallé dont les voûtes sont soutenues par trois colonnes. Une pierre dans la paroi indique l'endroit où Notre-Seigneur se tint pendant le banquet eucharistique.

Nous récitons à genoux un Pater et un Ave et collons nos lèvres sur les dalles humides. Pendant ce temps, les Turcs qui nous accompagnent ricanent, crachent et font sauter leur paras ; quel crève-cœur pour le pèlerin ! A peine a-t-il le temps de se recueillir, tant sont fanatiques et insolents les farouches conquérants !

Ce sanctuaire est un des plus émouvants. C'est là que Notre-Seigneur institua la divine Eucharistie. Le soir même de la Résurrection, c'est là qu'il apparut à ses Apôtres. Les premiers Évêques du monde furent sacrés dans cette enceinte, en cette heure solennelle où le Chsist leur dit à tous : « Recevez le Saint-Esprit ; les péchés seront remis à ceux à qui vous les remettrez, et ils seront retenus à ceux à qui vous les retiendrez. »

Ici les Apôtres, réunis autour de la Vierge-Mère, reçurent les derniers et mémorables dons qu'ils devaient transmettre à tout l'univers.

Combien d'efforts n'a-t-on pas tentés pour arracher ce lieu aux infidèles !... « Hélas ! les millions ne suffisent pas. C'est en vain qu'ils ont été offerts. La loi turque, et surtout l'attachement des musulmans pour le tombeau de David, qui est contigu au Cénacle, resteront des obstacles, peut-être à jamais insurmontables (1). »

Les Arméniens schismatiques possèdent la cour où Pierre renia son Maître.

A côté se trouvait le prétoire, où Jésus comparut devant Caïphe.

Une chapelle en occupe l'emplacement. A gauche du maître-autel, est l'étroit cachot où Jésus passa la nuit du jeudi au vendredi saint.

1. Mgr Péchenard, *De Reims à Jérusalem*.

Nous baisons ces murs avec une tendre vénération, ainsi que la pierre de l'autel, rapportée du sépulcre sanctissime.

Et puis, nous descendons doucement les coteaux de Sion, admirant la vue pittoresque qui s'étend dans la vallée.

Rentrées à Notre-Dame de France, assises sur le divan, un livre à la main, nous oublions les fatigues de cette longue promenade.

Mardi, 9 avril.

Ce matin, nous nous dirigeons aux tombeaux des rois : les grandes ombres de Saül, de David, de Salomon surgissent des voûtes sépulcrales pour nous rappeler de nobles et royales histoires ; mais nous préférons à ces caveaux vides, sombres et glacials, ce champ verdoyant de la campagne de Jérusalem, où des solipèdes affamés broutent la récolte nouvelle.

Ici, campèrent les formidables guerriers de Godefroy de Bouillon, de Raymond de Toulouse et du vaillant Tancrède. L'étendard de la Croix s'agite au loin et anime toutes ces images, planté sur les établissements de France et sur la terrasse du Patriarcat. Il rappelle à nos cœurs français l'héroïsme de nos pères et la valeur de notre race.

Mme C..., notre compagne, désire rendre visite aux religieuses de la Réparation.

Nous prions dans leur chapelle et entrons au parloir.

Ces vierges aux tuniques d'azur sont d'une amabilité parfaite ; nous goûtons avec plaisir à la liqueur qui nous est offerte. C'est un des produits de la maison.

Nous traversons maintenant les immenses bâtiments de la colonie russe, envahis par les trois mille pèlerins présents à Jérusalem.

Nous eûmes de la peine à nous rejoindre à travers cette cohue de géants, aux cheveux bouclés, aux longues redingotes noires, doublées de fourrure, aux lourdes chausses en joncs.

Une visite au Consulat termine cette matinée. Plusieurs

fois encore nous aurons le plaisir de rencontrer Melle Elisabeth Ledoulx, avec qui nous ferons ample connaissance.

Cette après-midi, nous nous rendons au Patriarcat.

Sa Béatitude, Mgr Piavi, est l'ami intime de la famille Bertrand ; aussi les compagnes de Marie-Louise sont-elles accueillies avec une paternelle bonté.

La verve, l'entrain du patriarche rendent la conversation animée et très amusante.

M. Le Grand, vicaire général, a la bonté de nous faire visiter la « cathédrale » ou la chapelle de l'évêché. On nous fait remarquer les beautés des fresques, et un tableau des Gobelins, représentant la Sainte Famille, qui est un présent de Napoléon III.

On jouit d'une vue splendide sur la terrasse du Patriarcat.

Pour nous rendre à Sainte-Anne, résidence des Pères Blancs, nous traversons une partie de la Voie Douloureuse.

Au tournant d'une ruelle, dans un étroit carrefour, à demi effacé, on aperçoit, à de faibles distances, le chiffre des stations gravé en caractères romains sur les vieux murs de pauvres maisons.

Le fanatisme des musulmans ne permet pas d'élever la plus simple des croix sur cette terre pourtant si vénérable.

La piété des catholiques s'occupe activement de racheter aux juifs et aux mahométans ces pieux emplacements. Quelques oratoires surgissent déjà et permettent aux pèlerins de satisfaire leurs désirs d'expiation.

A la sixième station, on termine une chapelle qui portera le surnom de la sainte et courageuse « Séraphia », femme de Sirach, membre du Conseil du Temple, qui fut appelée Véronique, de « *vera icon* », vrai portrait, en mémoire de son immortelle action.

Nous entrons dans le splendide établissement de Sainte-Anne, dirigé par les Pères Blancs. Mgr Lavigerie créa dans cette maison un séminaire, où les jeunes clercs, élevés dans leur propre rit, doivent devenir les apôtres de l'Orient. Cette idée est sublime. Les anciennes traditions, les vieilles coutumes sont fidèlement conservées. Dans la même croyance tous les peuples sont invités à s'incliner sous le haut patronage d'un même chef. Les routes sont aplanies, les préjugés n'ont plus de valeur. Quand donc le cri de ralliement : « Rome a parlé, le Ciel a parlé, » sera-t-il celui de l'univers !

Nous visitons l'église, l'une des plus belles et des plus vastes de Jérusalem. On trouve dans la crypte l'emplacement de la demeure de saint Joachim et de sainte Anne, où naquit la Sainte Vierge. Dans la cour d'entrée se voit la Piscine Probatique, qui avait le privilège de guérir miraculeusement le premier malade que l'on y jetait après le passage de l'Ange.

Il faut nous préparer à voir de plus grandes choses encore.

Après avoir traversé la porte Saint-Étienne, la vallée de Josaphat s'ouvre en un grand précipice devant nous. Elle est déserte ce soir, et sombrement recueillie. Cette solitude profonde commande le respect.

« Ici on foule les ruines d'une merveilleuse cité. On côtoie » les rives desséchées d'un torrent sans eau, on chemine au » milieu des tombeaux, la poussière du sol se confond avec » celle des ossements humains. La végétation se refuse à » embellir ces montagnes arides, et, par-dessus tout cela, » planent les grands souvenirs de l'Agonie du Sauveur (1). » Alors vous saisit une émotion maxime, et l'on songe avec effroi au Jugement universel.

« Devant nous le Mont des Oliviers, à nos pieds l'antique » chaussée par où l'on franchit le torrent du Cédron pour » monter à Gethsémani. A droite, les trois mausolées si » étrangement funèbres : les tombeaux de saint Jacques, » d'Absalon et de Josaphat, monolithes de granit rougeâtre » qui président à l'assemblée des pierres tombales (2). »

A gauche est une petite cour entourée de murailles ; c'est le tombeau de Marie.

---

1. Père de Damas, *Jérusalem*.

2. Loti, *Jérusalem*.

Les Arméniens et les Grecs possèdent aujourd'hui cette antique église, que, depuis mille ans, toutes les religions se sont disputée. Les Syriens, les Abyssins et les Coptes ont leur autel réservé. Seuls, les Latins en sont exclus.

La façade de ce mausolée est sombre et triste ; les pierres noirâtres sont envahies par l'herbe sauvage.

La lourde porte, fortement ébrasée, est sillonnée de gros clous.

Quarante à cinquante degrés nous introduisent dans le souterrain. Une multitude de lampes d'or et d'argent se détachent de la voûte humide. « Ici, plus encore qu'au Saint-
» Sépulcre, le contraste est étrange entre les richesses
» d'orfèvrerie, partout amoncelées, le délabrement, le
» désordre : des voûtes à demi brisées, de grossières
» maçonneries, des fragments de roches souterraines...,
» tout cela enfumé et noirâtre, suintant d'humidité à travers
» les toiles d'araignées et les nuages de poussière (1). »

Un peu à droite nous pénétrons dans la grotte mystérieuse où s'accomplit le Triomphe de Marie.

Un autel d'argent où fume un cierge de cire jaune, la roche noire s'arrondissant en berceau : tel est présentement le lieu de l'Assomption.

Nous nous recueillons quelques instants, méditant avec émotion et joie sur le glorieux mystère.

Il se fait tard, nous remettons à jeudi la visite de la grotte de l'Agonie, et dirigeons anxieusement nos pas vers Gethsémani.

Un peu avant le Jardin des Oliviers, le Frère Liévin nous fait remarquer le rocher d'où saint Thomas vit monter la Vierge triomphante, qui lui jeta sa ceinture bleue.

Plus haut sont les roches où Pierre, Jacques et Jean s'endormirent pendant la nuit douloureuse.

A quelques pas de là, JÉSUS fut environné par la troupe armée, accourue avec des lanternes et des flambeaux pour

1. *Jérusalem*, P. Loti.

se saisir de sa divine Personne. Ici, Pierre, toujours ardent et fougueux, coupa l'oreille du soldat Malchus... Mais le Seigneur lui dit : « Remettez votre épée dans le fourreau, » car quiconque se servira de l'épée, périra par l'épée... » ... Comment donc s'accompliraient les Ecritures, qui disent » que les choses doivent se passer ainsi ! »

Le Jardin de Gethsémani n'a pas le sauvage aspect que l'on voudrait lui voir... il est entouré d'une muraille, les allées sont sablées, et dans les plates-bandes croissent les pensées et les roses.

Huit oliviers attirent l'attention des pèlerins par les grands souvenirs dont ils furent les témoins, selon la tradition. Cette proposition est admissible : l'olivier est un arbre qui ne meurt jamais ; les rejetons peuvent former de nouvelles tiges.

Nous contemplons avec amour ces arbres millénaires, et recueillons pieusement de petites feuilles éparses.

Tous les ans on récolte avec respect les olives. Les noyaux sont précieusement conservés pour les chapelets. Il est difficile de s'en procurer ; nous eûmes cependant le bonheur d'en posséder quatre, présents du Père Vicaire et du Consul général.

Le soleil couchant rougit de ses teintes empourprées le ciel pur ; il faut partir.

Jetant un regard à l'endroit où fut lapidé saint Etienne, nous montons la chaussée et longeons les grands murs crénelés de la ville qui s'endort... Le dernier cri des muezzins, appelant les disciples du prophète à la prière, s'éteint en écho dans la vallée.

Nous suivons les remparts. Ici, le valeureux Godefroy s'élança à l'assaut et repoussa les infidèles.

Après avoir salué la grotte de Jérémie, qui pleure encore en son délaissement, nous gagnons la porte de Damas et atteignons Sainte-Monique, où nous demeurons tranquilles, gravant en notre mémoire émotions et souvenirs.

BETHLÉEM.

Mercredi, 10 avril.

BETHLÉEM, bourgade de la Judée, n'est qu'à huit kilomètres de Jérusalem, dans la direction du sud. La route est bonne, il ne faut que trois heures pour s'y rendre à cheval ou en voiture.

Cinq heures du matin ! Les coups de canne redoublent à la porte de l'anti-chambre ; le Frère Liévin nous appelle ; la « carrossa » stationne, il faut partir.

Cinq minutes de grâce ! Et dans une presse terrible souliers, jupes et manteaux, tout est enfilé.

Mentor et pèlerines escaladent le véhicule; nous constatons avec plaisir que toutes les toilettes ont leur désordre. Les modes parisiennes n'ont pas à se féliciter de leurs représentantes.

Les dernières murailles de la Cité Sainte ont disparu nous sommes en pleine campagne, respirant avec bonheur l'air pur, embaumé de menthes et d'arômes sauvages.

Comme partout à Jérusalem, chaque pas nous découvre un nouveau souvenir. Voici la colline du Mauvais Conseil, plus loin le puits des Trois Rois, qui marque le lieu précis où l'étoile miraculeuse, éclipsée à Jérusalem, reparut aux yeux des Mages.

Informe, désolée, solitaire, une grande ruine apparaît : c'est le tombeau de Rachel, l'épouse bien-aimée de Jacob.

Regardant toujours la vaste et triste campagne, ces ruines s'étonnent de la voir si abandonnée.

Bien vite, en effet, le paysage s'est montré aride et sauvage, l'ombre de l'olivier, les derniers buissons ont disparu : c'est le désert. — Toujours plus désolée, plus solitaire, la Palestine se déroule à l'infini, silencieuse et morne. Nous cheminons pensivement au milieu de ces collines de pierres, dans cette nature morte.

Tout à coup, un immense panorama se déroule devant nous ! A nos pieds, toute une campagne paisible et mélancolique de vignes et d'oliviers... Dans les lointains du nord,

BETHLÉEM.

remontent très haut, étagées, des montagnes de pierres grises..., et dominant tout, à d'inappréciables distances, sur l'autre rive de la Mer Morte, s'élève la grande ligne bleuâtre des montagnes de Moab, rougies çà et là par les premiers rayons du soleil.

Les monts pâles de la Judée s'élèvent par plans à droite.... mais ce qui attire surtout et nos regards, et nos cœurs, c'est une petite ville blanche et silencieuse, qui s'esquisse devant nous.

Notre guide nous l'indique de son geste lent et de sa voix trop indifférente : « C'est Bethléem, » dit-il, Bethléem !

Bethléem ! Ce nom chante doucement au fond de nos âmes attendries. Tout un mystère se dévoile à nos cœurs. Ici le CHRIST est né ! Nous allons contempler la grotte ! C'est là, « dans ces aspects éternels, que réside le Grand » souvenir (1). »

Nous entrons dans la ville ; les maisons, toutes à terrasses, semblent pauvres. « La beauté et le costume des femmes » sont le charme spécial de Bethléem. Elles portent une » haute coiffure pailletée d'or ou d'argent, qui ressemble au » *hénin* de notre moyen-âge occidental, et que recouvre un » long voile blanc à la Vierge, aux plis religieux. Leur vête- » ment se compose d'une longue tunique de toile bleue à » larges manches. Souvent elles ont un manteau, sorte de » veste rouge ou bleue, couverte de broderies d'un style » ancien, dont les bras s'arrêtent au-dessus du coude pour » laisser passer de très longues manches pagodes, taillées en » pointe, de la robe d'en-dessous (2). »

Toujours nu-pieds, toujours allant, venant, ces petites femmes, maigres, mènent une vie très pénible ; à elles incombe tout le service de la maison. Servantes nées des hommes, elles mènent la charrue, rentrent les moissons. Malgré ces coutumes injustes, il n'est pas de cité où, grâce à la religion, les ménages soient plus heureux.

« Les hommes sont bien faits, grands, maigres, élancés. » Ils sont vêtus, dit-on, comme au temps de David. Les » peaux de mouton, couvertes de leur laine soyeuse, les » étoffes rayées et les sandales rouges, font à peu près tous » les frais du costume (3). »

Sur la place s'élèvent les murs sévères de la vieille église de la Nativité.

1. Loti, *Jérusalem.*

2. Loti, *Jérusalem.*

3. Mgr Péchenard, *De Reims à Jérusalem.*

Un extérieur lourd et grave lui donne plutôt l'aspect d'une forteresse que celui d'une basilique.

La grotte de la Nativité se trouve sous le chœur de l'église de Sainte-Hélène, qui est un des sanctuaires les plus anciens du monde. Le jour de Noël 1101, Beaudoin Ier y fut sacré roi de Jérusalem. Epargnée par Saladin et par tous les conquérants arabes, elle n'a subi de réels dommages qu'au début de ce siècle. Les Grecs, par un manque d'art qui désespère, ont séparé les cinq grandes nefs du chœur par un mur plein.

Les Pères Franciscains ont bâti leur propre église parallèlement à cette basilique.

Ils nous reçoivent dans le vaste réfectoire des pèlerins, où nous déposons sacs, manteaux, couvertures.

Mais où sont ces grottes sauvages, sublimes dans leur simplicité, à jamais célèbres par leur antique histoire ? Où sont-elles donc ? Et, silencieuses, craignant une déception amère, nous suivons le Frère Liévin.

Oh ! nous n'aurons point de désillusions... ; sous les dalles constantiniennes, elle est bien toujours même dans son abandon et sa pauvreté, cette étable aux rochers arrondis. Toujours sombrement recueilli, ce triangle de pierres prie et fait prier, comme jadis, il y a dix-neuf siècles !

Nous ne pouvons pas, hélas ! la vénérer de suite, cette grotte bénie. Une prise de possession injuste l'a ravie aux Latins, il y a quelques années. On s'adressa à la justice qui laissa traîner l'affaire, sans rien conclure ; et les Grecs triomphèrent de l'Eglise et de la France, protectrice des Saints-Lieux.

Les Latins ne peuvent plus y célébrer leurs offices, si ce n'est deux messes basses, à quatre heures et à sept heures du matin.

Aujourd'hui, cette dernière sera dite par un évêque américain ; dans quelques instants, nous le suivrons à la grotte.

Enfin, le moment est arrivé. Quelles brûlantes émotions

ne ressentons-nous pas en descendant ces degrés usés par le flot incessant de pieux fidèles ! !

Un art inintelligent n'a pas dénaturé la vérité, la disposition du roc est restée la même. Seule, la lumière du soleil ne pénètre plus ; la crainte des Turcs dévastateurs a forcé les Pères à murer l'accès extérieur de la grotte, qui s'ouvrait sur la vallée...

Tout est sombre et profondément recueilli. La clarté vacillante de lampes d'or et d'argent prête à cet intérieur un voile de mystère qui nous pénètre et nous ravit. A droite, dans la première anfractuosité rocheuse, s'élève un petit autel où scintille l'étoile d'argent. C'est là, à cet endroit précis, que naquit le Sauveur !... Descendons quelques marches encore, voici le berceau de pierre où JÉSUS fut déposé par sa sainte Mère et adoré par les bergers.

L'autel est préparé, Monseigneur commence les prières de la messe. A genoux près de la crèche, nous répétons avec bonheur ces paroles chantées en ces lieux pour la première fois : « *Gloria, gloria in excelsis.* »

C'était la nuit. Il nous semble entendre le chœur angélique des séraphins venus pour saluer le Verbe de DIEU. A la suite de ces théories d'archanges, nous supplions Marie de nous laisser approcher de son divin Fils.

Quelques instants après, il nous est donné de posséder en nos cœurs la plénitude de la bonté, de la puissance et de l'infinie miséricorde !

Il se trouve plusieurs autres grottes contiguës à celle de la Nativité. A chacune d'elles s'attachent de précieux souvenirs.

C'est d'abord la « grotte de saint Joseph ». Un autel indique l'endroit où se reposait le fiancé de la Vierge lorsque l'ange vint lui dire : « Joseph, lève-toi, prends l'enfant et » sa mère et fuis en Égypte. »

Puis la chapelle des saints Innocents. La tradition rapporte qu'un grand nombre d'entre eux furent immolés en cet endroit.

A l'angle du souterrain est le tombeau de saint Eusèbe, disciple de saint Jérôme et son successeur dans le gouvernement du monastère de Bethléem.

Plus loin... les sépulcres de saint Jérôme et de ses fidèles disciples l'illustre Paule et la douce Eustochium... Un tableau les représente couchées dans un même linceul : touchante idée qui rapproche la vie et la mort de l'éternité !

Enfin, pour terminer la pieuse galerie, s'ouvre une grotte assez vaste et faiblement éclairée par un soupirail. C'est la cellule où Jérôme méditait l'Écriture Sainte et composait ses merveilleux écrits.

Il est bon de se représenter, ici, au berceau de la foi, ces deux grandes âmes d'apôtres, si bien faites pour se comprendre : l'illustre patricienne, et l'ascète admirable s'excitant, s'encourageant dans la lutte terrible qu'ils eurent à soutenir pour défendre l'Église et la chrétienté contre les erreurs des Macédoniens, des Ariens, des Pélagiens.

A huit heures les Pères Franciscains nous conduisent au réfectoire et nous déjeunons en compagnie de l'évêque de la Floride, que nous retrouverons à Jérusalem.

Les promenades dans les environs de Bethléem sont pleines de charme. L'agréable disposition des sites et je ne sais quel parfum du ciel produisent sur le pèlerin une impression ineffaçable.

Groupées autour de la ville, on rencontre à chaque pas des stations célèbres.

Ici, le champ où la malheureuse Ruth glanait sur les terres de Booz, pour subvenir à son entretien et à celui de Noémie, sa belle-mère. Là, cette prairie célèbre où les pasteurs gardaient leurs troupeaux, lorsque l'ange vint leur annoncer la vocation des pauvres et des petits à la connaissance de la vérité.

« Oh ! que je voudrais amener ici, dit le Père de Damas,
» cette masse d'hommes égarés qui s'agitent pour renverser
» la Religion et les pouvoirs chrétiens! Ils s'irritent contre
» Dieu, et ils accusent son Église d'entretenir à leur préju-

» dice des classes riches, comme si l'apparition du Messie » dans le monde n'avait pas été l'aurore du triomphe des » pauvres ! »

Une autre caverne attire la curiosité des pèlerins. On l'appelle « la Grotte du Lait ». La Sainte Vierge s'y serait reposée quelques instants pour nourrir son enfant.

On ne quitte pas ce sanctuaire sans qu'un bon Frère vous ait remis une petite pierre détachée du rocher, à qui l'on attribue une vertu miraculeuse.

Après cette délicieuse promenade, nous nous laissons séduire par les offres insidieuses des commerçants de Bethléem, et revenons chargées de chapelets d'olivier, de nacre, d'ambre et de bois de santal.

L'heure est venue de nous arracher de Bethléem, nous baisons de nouveau le pavé de la sainte grotte et rejoignons pensives notre « carrossa ».

Elle s'ébranle,... encore un long regard jeté sur la ville bénie et nos petits chevaux, rapides et bruyants, nous ramènent à Jérusalem.

L'après-midi est consacrée à la visite des bazars, et doucement, pendant les ténèbres, nous repassons les souvenirs et les émotions de la matinée.

Chapitre vingtième.

JEUDI SAINT A JÉRUSALEM. — BÉTHANIE. — LE MONT DE L'ASCENSION. — LA GROTTE DE L'AGONIE.

11 avril 1896.

Les cérémonies de la semaine sainte à Jérusalem ne sont point solennelles. Le tumulte est incessant, les rixes continuelles ; aussi la garde turque a-t-elle doublé le nombre des factionnaires aux abords et à l'intérieur de la basilique. Les Grecs schismatiques seuls officient avec quelque pompe.

Cependant le jeudi et le vendredi saints, de sept heures du matin à dix heures, le Saint-Sépulcre est interdit à tout autre qu'aux Latins.

Monsieur le Consul général nous a donné rendez-vous chez les Frères de la Doctrine chrétienne.

A six heures du matin nous arrivons au pensionnat, le bon Frère Evagre nous reçoit au parloir ; les cawass sont à la porte, M. Ledoulx revêt son grand uniforme. Seul le représentant de la France a le droit d'assister officiellement aux cérémonies.

Après plusieurs fausses alertes le signal du départ est donné, la cloche du Patriarcat sonne à toute volée.

Les Franciscains ouvrent la marche, l'un d'eux porte élevée une grande croix en bois noir.

Mgr Piavi est souffrant, Mgr Appodia, coadjuteur, le remplace.

Nous suivons à cent mètres ce premier défilé.

Quatre janissaires, étincelants d'or et d'argent, précèdent

M. Ledoulx, frappant le sol en cadence de leurs longues cannes d'argent.

Le vice-consul et le chancelier en grand uniforme suivent le consul à droite et à gauche.

Presque sur leurs talons nous avançons, tant les Turcs nous pressent.

Nous arrivons enfin ; il est six heures du matin. Après notre solennelle entrée, la porte du Saint-Sépulcre est immédiatement fermée.

Dans les stalles de la chapelle de l'Apparition de Jésus à sa sainte Mère, nous attendons l'heure de l'office.

Sept heures sonnent.

Un grand autel aux reliefs d'argent a été dressé contre le Sépulcre ; en face s'élève le trône pontifical.

A droite, du côté de l'épître, est le prie-Dieu du consul ; il nous fait signe de nous placer à ses côtés.

Mais la foule nous presse et il faut nous caser à trois dans un tout petit coin.

La messe commence, c'est le grand jour du devoir pascal ; malgré les préoccupations, la grande pensée de la Rédemption domine tous les esprits et pénètre les cœurs.

Les cérémonies sont très simples, vu le manque de liberté et le peu de place, mais à l'ombre du Calvaire tout ce qui se passe touche et fait du bien.

Point de rumeur, point de tumulte, la garde turque veillant à l'ordre est doublée.

Deux à deux, au pied du Sépulcre, les fidèles de toute contrée reçoivent le pain des forts...

... Vers la fin de l'office le drogman auxiliaire nous fait monter dans une des tribunes de la première galerie. On nous a préparé du café, nous en prenons deux tasses avec un peu de pain.

Du haut de ces tribunes transformées en cellules, les Franciscains exercent une surveillance de jour et de nuit.

La cérémonie s'achève, on la termine en faisant trois fois le tour de la grotte sacrée.

Juste en face du dais, le représentant de la France s'avance grave et recueilli.

Mgr Appodia s'arrête en face du Saint-Sépulcre. Il remet la sainte hostie dans le tombeau.

Nous saluons encore une fois JÉSUS dans l'obscur monument, et nous voilà pressant le pas à la suite de notre bienveillant protecteur.

Sur le parvis de la basilique une foule innombrable se presse et s'étouffe. Le patriarche grec, sur un char magnifiquement paré, vient d'achever la cérémonie du Lavement des pieds.

Lentement et dignement, le pasteur regagne sa demeure, aspergeant le peuple qui se presse sur ses pas.

Les Russes forment la majeure partie de cette foule.

Malgré les cris et les menaces des cawass, il eût été périlleux de fendre cet océan humain si le knout de deux officiers de la garde turque, frappant à droite à gauche indistinctement, n'était venu à propos nous frayer un passage.

C'est ainsi que nous regagnons Notre-Dame de France, heureuses de songer que bientôt il nous sera possible d'assouvir une faim dévorante.

Malgré un ciel très menaçant, le Frère Liévin se décide à nous conduire, cette après-midi, à « El Azarieh » ou Béthanie.

A deux heures et demie, nous montons en voiture et nous nous dirigeons vers la bourgade que JÉSUS aimait.

La route s'incline bientôt vers la vallée de Josaphat ; nous descendons jusqu'au torrent du Cédron, contournons le Mont des Oliviers, et descendons la vallée. Parmi un groupe d'oliviers, notre guide nous indique l'endroit où fut maudit le figuier, que les apôtres trouvèrent desséché le lendemain. Et chacune de regarder avec effroi l'arbre stérile, et de faire, involontairement, spontanément, l'examen de sa conscience, pour y trouver les fruits du salut.

Arrivée au pied d'une colline pierreuse, la petite troupe descend, et, bravant une violente bourrasque, escalade le mont.

Arrivé au sommet, on se regarde mutuellement, étonné de sa hardiesse, étonné surtout de s'y trouver au complet.

La vue, de là-haut, est splendide, et le contraste frappant. D'un côté, l'aridité désolante de la vallée maudite, et, plus loin, la plaine verdoyante, une végétation luxuriante ; enfin, les crêtes nuancées, blanches et roses, des monts de Moab.

Vraiment, la Judée n'a pas dégénéré, et les moindres efforts la rendraient encore digne du nom de « Terre Promise ». Chassez les Turcs, rendez aux chrétiens la liberté d'ensemencer les terres et d'y faire des récoltes, et vous verrez le sol se couvrir de riches moissons. Sans les inventions modernes, il produira au centuple l'orge, le riz, le froment, et, comme autrefois, le raisin, la figue, l'amande, la grenade, le citron. On y recueillera encore le chanvre, le coton, le lin, le byssus.

Ah ! pourquoi les Francs ne reviennent-ils pas ? Cette terre leur appartient de droit.

Les premiers Croisés, le valeureux Godefroy à leur tête, ne sortaient-ils pas de France ? Ah ! oui, et ils l'aimaient cette France chrétienne, qui ne commandait rien, alors, contre l'honneur et la foi. Volontiers ils sortiraient de leur tombeau pour attester qu'ils sont « fils de France ! »

Pourquoi donc les calculs de la diplomatie en ce dix-neuvième siècle rendent-ils impossible ce que les preux du moyen-âge surent si bien entreprendre et mener à bonne fin ?

A quoi servent donc le progrès et la civilisation modernes ? Ah ! maudits soient ces vains mots, s'ils n'engendrent pas les grandes actions : le douzième siècle était évidemment une époque de constitution et d'affermissement, tandis que le dix-neuvième n'est, hélas ! pour la France, que celui de la dissolution et de l'anarchie.

Maudit soit donc le siècle de la philosophie et le règne de la raison ! Ne vaudrait-il pas mieux lui substituer le respect de l'autorité et celui de la religion ?

Ces grandes pensées ne nous ont pas quittées. Elles étaient le sujet de toutes nos conversations.

Sur le haut du plateau, nous nous agenouillons et baisons « la Pierre du Colloque ». JÉSUS était assis sur cette pierre lorsque Marthe, éplorée, vint le chercher et lui dire : « Seigneur, si vous eussiez été ici, mon frère ne serait pas mort. » Et JÉSUS se lève et la suit. Béthanie est proche de ce lieu ; elle apparaît comme un amas de ruines. Quelques maisonnettes arabes, noyées dans un écroulement de pierres uni-

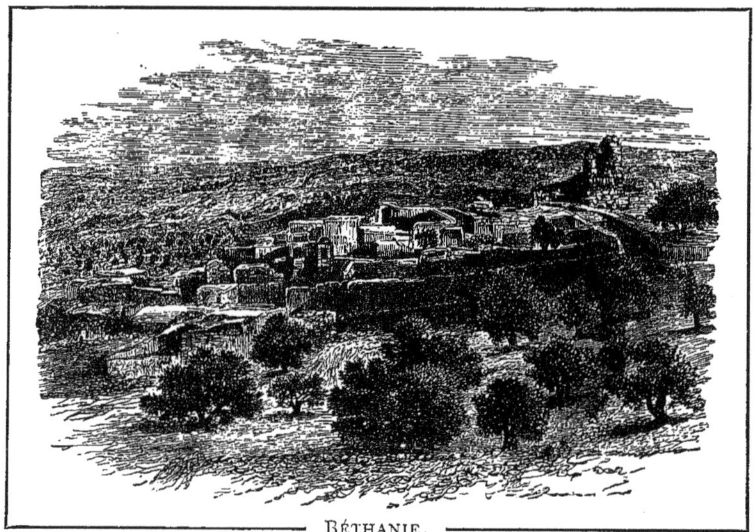

BÉTHANIE.

formes, voilà les débris de l'ancienne bourgade, si animée lors des fastes de l'antique Sion.

Çà et là, dans les décombres et sous les herbes, gisent les débris d'églises chrétiennes. Ici, une ruine, sorte de tour pantelante ; c'est à cet endroit qu'habitaient Marthe, Magdeleine et Lazare.

Entrons avec JÉSUS dans ce tombeau. Le niveau de la terre ayant changé, on y accède par vingt-sept marches en pierre. Lentement, religieusement, un à un, nous nous enfonçons dans cette terre qui vit les larmes et la puissance du Seigneur ; nous pénétrons dans un caveau humide, rocheux et sombrement voûté, et, la prière dite, regagnons le soleil.

Pendant sept années consécutives, Marie-Magdeleine pria, pleura, jeûna dans cette étroite cellule, méritant le pardon et la gloire que lui décerne toute l'Eglise.

Jetant un dernier regard sur Béthanie, nous gravissons les dernières pentes de la montagne, cueillant herbes et fleurs dans ce sentier que JÉSUS parcourut avec ses apôtres, le jour des Rameaux, pour se rendre à Jérusalem.

Nous planons sur la hauteur. Oubliant toutes nos fatigues, nous jouissons de la vue merveilleuse, du panorama idéal qui se déroule à l'infini devant nous.

Visible pour nous en trois ou quatre endroits, la Mer Morte, brillante et immobile comme une lame d'acier, se détache en un cercle bleu des monts de Moab, aujourd'hui reflétant sous le soleil des nuances étranges, qui varient et passent du violet sombre au rose blanc et au jaune d'or.

En avant et à l'ouest, tout près, les monts de la Judée, d'une tout autre nature, avec leurs fleurettes timides et leurs pierres calcaires, semblent s'endormir avec le dernier éclat de ces lueurs orientales.

Nous avançons toujours dans l'étroit sentier.

Betphagée apparaît soudain, appuyée sur le versant de deux collines.

A Betphagée, JÉSUS envoya ses disciples à la recherche de l'ânesse et de l'ânon. Dans une petite chapelle nous vénérons la pierre, découverte récemment, sur laquelle, selon la tradition, Notre-Seigneur se dressa pour monter sur l'ânesse.

Suivant toujours le plateau, nous sommes, maintenant, sur les hauteurs de la Montagne des Oliviers.

En 1869, Amélie de Rossi, princesse de la Tour d'Auvergne et duchesse de Bouillon, éleva un monastère de Carmélites en ce lieu, où, pour la seconde fois, Notre-Seigneur aurait appris le *Pater* à ses apôtres.

C'est un essaim du Carmel de Carpentras qui fut appelé dans ce monastère.

Nous entrons à la chapelle. On récite l'office des Ténèbres. Dans le chœur, une tourière négresse, Sœur Véronique, éteint un à un, après chaque psaume, les cierges symboliques...

Repassant dans le cloître, où les caractères du *Pater* sont imprimés en trente-deux langues différentes, nous visitons l'oratoire du « Credo ». Ici, les apôtres, s'étant réunis après la mort du Sauveur, composèrent l'admirable symbole qui porte leur nom.

Fille du Carmel à Jérusalem ! Carmélite sur cette terre bénie, quoi de plus consolant pour une épouse du CHRIST bien-aimé ! Beaucoup de filles de France envient cette destinée. Aussi, la plupart des religieuses de ce Carmel sont-elles Françaises, et Françaises de noble race comme de noble cœur.

Quelle est cette grotte un peu isolée sur le sommet de la Montagne des Oliviers ?

C'est la cellule de Marguerite d'Antioche, comédienne remarquablement belle et recherchée du Ve siècle ; elle se convertit et vint se retirer et expier ses égarements dans cette grotte, témoin éloquent de son austère vie. Recluse, elle y vécut pendant trente-quatre ans, se nourrissant de pauvres mets qu'une âme charitable déposait sur sa fenêtre. Vêtue comme un homme, elle se faisait appeler Pélage. C'est ainsi qu'elle vécut solitaire et inconnue, répandant l'édification dans toute la région.

Avançant un peu, nous atteignons le lieu de l'Ascension. Ici, Notre-Seigneur, quarante jours après la Résurrection, entouré de ses amis et de ses disciples, s'éleva dans les airs, le visage tourné vers l'Occident, étendant les mains et puis les rapprochant, bénissant les peuples chrétiens de l'avenir et les fidèles d'en-bas que, Lui, voyait toujours.

L'empreinte de son pied, restée gravée sur la pierre comme un dernier souvenir, une dernière relique, fut, depuis, toujours vénérée.

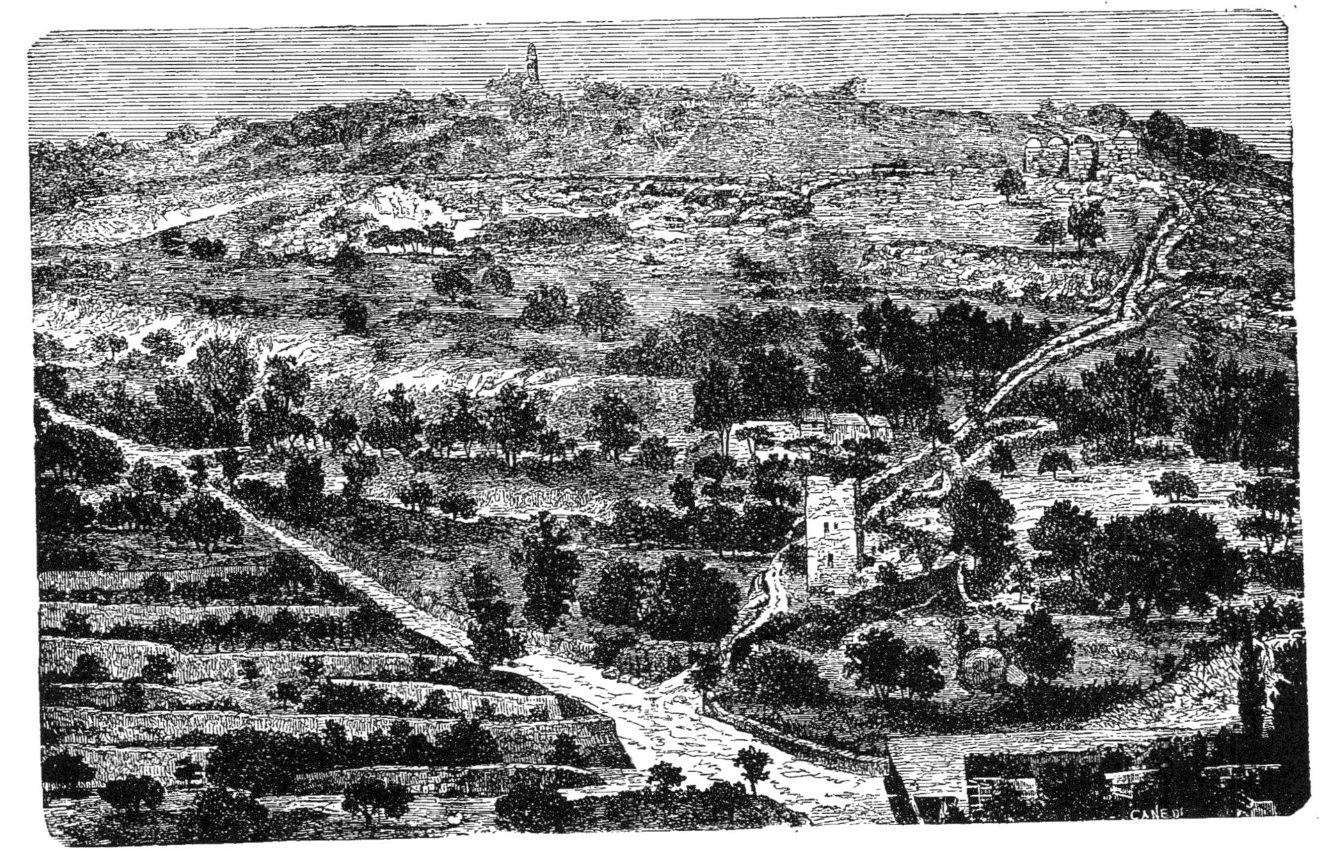

JÉRUSALEM. — JARDIN DE GETHSÉMANI.

Malgré les révolutions, cette roche est bien là, toujours la même. Ici les musulmans semblent se relâcher un peu de leur fanatisme habituel ; ils ont entouré la pierre d'une petite enceinte, recouverte de chaux, qu'ils décorent du nom de mosquée. Moyennant un fort « bakchiche », les Franciscains, quelquefois, y célèbrent les Saints Mystères ; ils peuvent le faire avec plus de solennité le jour de l'Ascension.

Pour deux francs on ouvre la porte aux pèlerins.

Nous quittons cette roche avec émotion ; au dehors, comme les cent vingt disciples, nous restons clouées sur place, les yeux fixés au ciel... C'est ainsi que nous remarquons au-dessus de la petite mosquée un triangle bleu azur. Là-haut Jésus monte, Jésus règne. Ah! que ne pouvons-nous le suivre !!!... et le triangle disparaît, nous laissant toutes les trois en face de nous-mêmes... Nous ne sommes qu'au vendredi saint ; avant d'arriver au Thabor éternel, il faut gravir à la suite du Seigneur la pente douloureuse du Calvaire.

Nous descendons la montagne ; le sentier est glissant et pierreux ; mais, en avant, le regard plane sur les monts de Sion, d'Acra et de Moriah, sur toute la Jérusalem actuelle, avec la muraille aux terribles crénelures qui l'environnent comme un rempart.

Au premier plan, c'est le temple et sa mosquée bleue ; plus loin, à gauche, Sion et ses ruines ; vers le nord, le dôme du Saint-Sépulcre émerge, avec sa petite croix, d'une suite de terrasses blanches ; en arrière, se dressent Notre-Dame de France et les dômes moscovites de la colonie russe ; ajoutez à cela un amas de minarets, de passages étroits, de maisonnettes à terrasses arrondies, et ce sera l'ensemble du panorama tel que nous venons de le contempler.

Une petite chapelle s'élève à cet endroit. Ah ! c'est que là aussi Jésus s'arrêta, pria, pleura. Entouré des apôtres les plus dévoués, le regard fixé sur la ville coupable : « Si tu » savais, dit-il, en ce jour qui t'est encore donné, ce qui peut » t'apporter la paix ! Mais maintenant tout est caché à tes » yeux. Et des jours viendront pour toi où tes ennemis

» t'environneront de tranchées, t'enfermeront, te presseront » de toutes parts, te renverseront par terre, toi et tes » enfants qui sont dans ton enceinte ; et ils ne laisseront pas » en toi pierre sur pierre, parce que tu n'as pas connu le » temps où tu as été visitée. »

Trois ou quatre fois Jérusalem vit tomber et ses murs et ses temples. Quels sont les débris de l'antique Sion? Quelques pierres dispersées çà et là, une tour à demi ruinée. Les vallées qui enserrent la nouvelle cité sont tristes et désertes, jonchées de pierres tumulaires ; tout respire la mort et la désolation.

Nous repassons près du Jardin des Oliviers et descendons toujours jusqu'à l'église de l'Assomption. Une suite de lépreuses s'échelonnent contre le mur... tendant vers nous leurs mains rongées : « Sette, Madame, sette, Madame ! » S'il vous plaît, Madame, s'il vous plaît !... et c'est à qui saisira les centimes.

Nous traversons la cour étroite, une grille en fer roule sur ses gonds, on descend quelques marches... C'est la grotte de l'Agonie ! ! !... Au soir, le jeudi saint, être à la grotte de l'Agonie ! ! !

Trois piliers soutiennent la voûte ; il fait presque noir, un soupirail laisse pénétrer un demi-jour, et l'autel tout au fond du souterrain n'est faiblement éclairé que par la pâle lueur de pauvres lampes.

A droite, sur une plaque de marbre contre le rocher, ces paroles, en langue latine, nous pénètrent jusqu'au cœur : « Ici, JÉSUS eut une sueur de sang et fut consolé par l'ange. » Appuyées, nous aussi, le front contre la pierre, fermant les yeux, laissant librement l'imagination et le cœur reproduire ce qui leur inspire le plus de compassion et d'amour, nous pleurons, oui, nous pleurons ; aucun lieu de nos pieuses stations ne nous a si profondément impressionnées.

Comment ne pas aimer Celui qui, pour nous, malgré toute l'horreur de nos crimes, accepta de boire le calice jusqu'à la lie ! Quel inconcevable amour comporte cet abaissement !

Nous quittons cette grotte, consolées par l'espoir d'y revenir bientôt recevoir le pain des forts.

La voiture nous a rejointes.

... Les lépreuses accourent encore... Enfin nous avançons...

Les chevaux gravissent lentement la côte, leurs membres sont engourdis par le vent froid du soir et par la longue attente. Ils s'arrêtent et menacent de nous écraser contre les rochers qui bordent la route.

Cris, menaces, fouet du conducteur ; rien n'y fait. Il faut descendre.

Le Frère Liévin reste dans le véhicule, mais il est bientôt forcé de nous rejoindre ; nous montons la côte à pied.

Aidé par deux Russes qui tournent les roues, notre cocher parvient à gagner le plateau.

Nous tournons le rempart et arrivons enfin à Notre-Dame de France.

La prière en la pieuse chapelle des Pères de l'Assomption termine cette journée remplie d'émotions et de fatigues. Les novices chantent près de la Vierge un magnifique *Stabat Mater* de Palestrina.

Rentrées à Sainte-Monique, nous nous mettons à table, et le Révérend Père Germer nous fait l'aimable surprise de venir nous revoir pendant ce repas. Nous parlons beaucoup et très gaiement ; puis, chacune en nos cellules, nous reprenons des forces pour la grande journée de demain !

Chapitre vingt-et-unième.

VENDREDI SAINT A JÉRUSALEM. — CÉRÉMONIE AU SAINT-SÉPULCRE. — CHEMIN DE LA CROIX — LE MUR DES PLEURS. — UN QUARTIER JUIF.

12 avril 1895.

A QUATRE heures et demie nous sommes levées, et bientôt après, les pliants sous les bras, nous nous dirigeons vers le grand pensionnat des Frères, où M. Ledoulx nous a donné rendez-vous.

Nous sommes heureuses de revoir Melle Élisabeth Ledoulx qui, aujourd'hui, accompagne son père... Le bon Frère Evagre se joint à notre groupe ; la conversation est très animée... Mais le signal est donné ; le défilé s'ébranle dans le même ordre qu'hier.

... Nous entrons au Saint-Sépulcre ; on nous fait prendre place dans les stalles de la chapelle de l'Apparition.

La procession s'organise ; Mgr Appodia apparaît, précédé d'un évêque des Indes et d'un prélat d'Amérique. Nous sommes heureuses de reconnaître l'évêque auprès duquel nous avons déjeuné à Bethléem.

Les prêtres officiants sont revêtus de somptueux ornements en velours noir, couverts d'or, présent offert par Charles-Quint.

Le cortège se met en marche. Gravement et en silence, on gagne le Calvaire. Les cœurs émus et glacés, on se groupe en haut du Golgotha dans la chapelle du Crucifiement.

La foule nous presse contre le prie-Dieu du consul. Enfin nous parvenons à nous établir tant bien que mal sur nos petits pliants.

Nous nous trouvons tout auprès des séminaristes du Patriarcat.

La piété est gravée sur ces nobles fronts; ils remplissent leur office avec beaucoup d'ordre et de calme, et, dans ces grands yeux soumis, on lit l'amour de JÉSUS-CHRIST et de ses saintes maximes.

On vient de lire la Passion selon saint Jean... la voix du Père vicaire faisant le CHRIST nous a émues jusqu'aux larmes... La cérémonie s'achève, nous venons de baiser la Croix au lieu même de son érection.

Un à un les pécheurs défilent, se traînant à genoux, cherchant à baiser toutes les plaies du Sauveur.

Nègres, Russes, Galiléens, Français, tous pleurant, priant, gémissant, le front dans la poussière, sans distinction, ils passent devant la croix de bois noir.

Les chants ont été doux et pieux comme le *Stabat* d'hier chez les Pères Assomptionistes.

La cérémonie achevée, nous sortons de la basilique.

Il pleut ; la garde turque offre des parapluies au consul et aux chanceliers. Je m'abrite sous celui du drogman auxiliaire ; il m'apprend que les Grecs, pendant la Semaine Sainte, ont trois principales cérémonies.

1° Celle du lavement des pieds, sur le char, en avant de l'église ; j'en ai parlé le jeudi saint.

2° Aujourd'hui, de sept heures à onze heures du soir, « l'enterrement du CHRIST. » Avec un Christ articulé, on simule la descente de Croix au Calvaire, puis on couvre le Christ de parfums sur la Pierre de l'onction, et on le porte solennellement au Sépulcre. Sept discours sont prononcés en sept langues différentes pendant cette procession. Le patriarche passe la nuit en prière dans le sombre caveau et le lendemain il doit donner « le feu nouveau ». Le feu nouveau ou feu sacré est la troisième et principale cérémonie.

Le samedi matin, dès l'aube, une foule nombreuse se presse autour du monolithe en marbre ; c'est à qui atteindra le premier ,avec son cierge, la flamme que le patriarche présente à l'assemblée comme descendue du ciel.

Chaque peuple envoie un délégué. C'est un grand honneur pour la nation de celui qui prend le feu nouveau. Aussi promet-on de fortes sommes aux envoyés.

Judéens, Galiléens, Syriens, Russes, hommes et femmes, tous supportent les grandes fatigues d'un long et périlleux voyage dans l'espoir de rapporter ce feu..

A deux heures de l'après-midi, nous nous joignons au groupe des pèlerins réunis dans la cour de Pilate.

Le Révérend Père vicaire, monté sur un escabeau, a déjà fait entendre, à l'endroit de la première station, sa parole pleine d'enthousiasme et de cœur...

On se dirige vers la IIe station, marquée par l'arc de l'*Ecce Homo* et par la chapelle des Dames de Sion.

Le Père vicaire reprend la parole ; on récite les prières et puis on se presse de nouveau sur les pas des Franciscains.

Tournant à gauche, nous sommes devant l'oratoire des Arméniens. C'est la IIIe station : Première chute du CHRIST.

Quelques pas plus loin, on s'arrête encore, c'est la IVe station. JÉSUS rencontra sa sainte Mère et la salua par ces mots : « *Salve, Mater.* »

Les lèvres des pèlerins se collent à la poussière. Qui ne se sentirait ému devant ce suprême adieu d'un fils mourant à sa mère !

Dans les rues transversales, quelques mahométanes poussent des cris de sauvages et contraignent leurs enfants à nous huer.

Ah ! qu'il serait doux de supporter ici, pour JÉSUS, l'insulte et la mort : rien n'est pénible en ces lieux, car le CHRIST a passé et le CHRIST a souffert.

A gauche, au carrefour de trois rues, est la Ve station. Les Juifs contraignirent Simon à porter la Croix.

Des lumières brillent dans l'oratoire ; contre la porte entr'ouverte, le Père fait une touchante allocution...

VIe station. Sainte Véronique essuie le visage ensanglanté du Sauveur.

JÉRUSALEM. — ARC DE L'ECCE HOMO.

A cet endroit, couvert de matériaux et de pierres, les Grecs catholiques élèvent une petite chapelle.

VIIe Station. Par une pente un peu raide, nous arrivons

à la Porte Judiciaire. Ici se terminait l'ancienne Jérusalem. Selon l'usage, on lut à JÉSUS l'arrêt de mort qui avait été prononcé dans la salle du Conseil. Ici le Sauveur s'affaissa pour la seconde fois sous le poids de sa Croix. « Hélas! » hélas! dit-il alors d'une voix affaiblie et pourtant distincte, » Jérusalem, combien je t'ai aimée! J'ai voulu rassembler » tes enfants comme la poule rassemble ses petits sous ses » ailes, et tu me chasses si cruellement hors de tes » portes (1)! »

Nous tournons à gauche, et gravissons encore quelques marches : c'est la VIIIe station. JÉSUS consola les femmes d'Israël.

Nous sommes tout près d'un bazar turc, et les clameurs redoublent. « Oh! j'ai bien peur! » dit une jeune Espagnole, se pressant contre nous. Personne, je crois, n'est très rassuré ; cependant, au pied des murs d'un couvent de Grecs dissidents, le R. Père, dominant le tumulte, nous enflamme de sa parole ardente. A sa suite, et dans un même élan, nous entonnons l'*Ave!*

Debout devant le Père vicaire, le Frère Liévin semble braver la foule, la canne à la main. Les cawass du consul de France font cingler leurs cravaches.

Il nous faut faire un long détour et traverser le bazar pour arriver à la IXe station.

Nous avançons vaillamment à travers le peuple de l'Islam, suivant pas à pas les Franciscains, pieusement recueillis. Faisant résonner les poids de fonte contre les plateaux des balances, on semble nous acclamer par dérision.

Et la parole toute française du fils de saint François, que tous, Grecs, Européens, Syriens, Galiléens, Libanais, semblent comprendre, pénètre plus avant dans nos cœurs.

Au fond d'une ruelle, un débris de colonne indique l'endroit où JÉSUS tomba pour la troisième fois.

Après avoir suivi ces neuf stations le long des murs de

1. Catherine Emmerich, chap. XXXV.

Jérusalem, nous entrons au Saint-Sépulcre, où sont renfermées les cinq dernières.

Il est trois heures de l'après-midi ; les schismatiques : Grecs, Russes, Arméniens, ont envahi l'église. Ils préparent déjà leur seconde cérémonie : « l'enterrement du CHRIST. »

C'est avec grande peine, et nous soutenant l'une l'autre, que nous arrivons au Calvaire.

Le Père, monté sur un banc, parle des terribles souffrances qu'éprouva JÉSUS en cet endroit même. Il raconte et explique le dépouillement, le crucifiement, l'élévation sur la croix, enfin, la descente du corps ensanglanté, la douleur de Marie et de saint Jean.

Nous descendons au Sépulcre, et, suivant le Père, nous passons auprès de la pierre de l'Onction. Quatre magnifiques colonnes torses soutiennent huit lampes, qui brûlent constamment en souvenir de l'embaumement du Sauveur.

Jouant des coudes et de la voix, nous avançons toujours ; enfin, nous voilà adossées contre les marbres du Sépulcre, abritées par les gigantesques cierges peints.

La dernière allocution du R. P. vicaire est bien touchante. Il est consolant, au-dessus des cris des schismatiques, des sons bizarres de cloche à demi fêlée, d'entendre une voix, dominant cette foule, prêcher la gloire de JÉSUS au Sépulcre, et nous rappeler le courage que nous devons avoir pour le défendre et réparer les scandales dont ces lieux, trois fois saints, sont si fréquemment les témoins.

Des grappes humaines sont suspendues aux chapiteaux des colonnes, et sur le dôme du Saint-Sépulcre.

Les tarbouchs rouges se mêlent aux voiles roses et bleus et à l'isar blanc ; on se frappe, on se jette de côté, on s'écrase.

Notre groupe est séparé. Une à une, disséminées, nous errons çà et là ; enfin, nous retrouvons Mme Chaize et Marie-Louise ; les deux plus grandes se mettent en avant, et, courageusement, nous fendons la foule.

Nous sommes bientôt sur le parvis de la basilique ; respirant à l'aise, nous nous remettons de nos émotions.

Tous les vendredis, les pèlerins résidant à Jérusalem accomplissent ainsi le chemin de la Croix à travers les rues de la ville, sur un parcours de mille cinq cents pas.

Sur les dalles extérieures du Saint-Sépulcre, le Frère Liévin et le chancelier nous ont rejointes ; ils vont nous conduire au pied du Mont Sion : au « Mur des Pleurs. »

Tous les vendredis, à quatre heures du soir, les vieux Israélites viennent pleurer et se lamenter devant les pierres de fondement du Temple de Salomon, derniers vestiges d'une gloire passée.

Nous cheminons, longeant l'enceinte du Harem-ech-Chériff, qui jadis était le temple.

Nous avons peine à nous figurer, parmi ce vaste enclos de broussailles, de pierres égarées, de haies impénétrables, de cactus et de plantes gigantesques, ce monument superbe, ce palais merveilleux, dont les richesses dépassaient de beaucoup tout ce que l'on peut se figurer.

Mais voici un fragment digne de l'ancien temple. Une formidable construction, toute en blocs monstrueux, se dresse devant nous, comme pour attester de la véracité de son origine et de la tradition.

Nous admirons ces pierres colossales, dont quelques-unes ont près de dix mètres de longueur.

« Un pont, nous dit le Frère Liévin, réunissait, autrefois, ce mur à Sion. C'est de là que Titus somma les habitants de se rendre. Ceux-ci, effrayés, le firent immédiatement. C'est ce qui explique comment les murs de cette partie de Jérusalem ont été épargnés, ainsi que le Cénacle, demeuré tel qu'au temps du CHRIST. »

Nous atteignons le « Mur des Pleurs. » Dans un passage étroit de quatre-vingt-dix mètres de long sur quatre à cinq mètres de large, les fils d'Israël s'alignent...

Hommes, femmes, enfants, prient et pleurent, se frappant le front contre le mur, baisant les pierres et gémissant

JÉRUSALEM. — Le mur des Lamentations.

sur tous les maux qui les accablent depuis dix-neuf siècles.

« L'accoutrement de tous ces juifs : Polonais, Russes, » Espagnols, Français, affublés de longues lévites, coiffés » de chapeaux graisseux, sous lesquels pendent le long des » joues les traditionnels cheveux huileux, tordus en forme » d'affreux tire-bouchons, encadrant des figures minces, » usées, des regards fuyants, est étrange (1). »

Les robes sont magnifiques, en velours noir, bleu, violet ou carmin, doublé de pelleteries précieuses.

Les calottes des Polonais se font remarquer, rehaussées tout autour par une queue de renard. Les femmes s'enveloppent de leurs châles éclatants. Elles se font remarquer par leur exaltation.

Tous arrivent silencieusement, la Bible sous le bras ; la plupart sont de gros in-folio, dont le cuir usé atteste l'antique origine.

Mais ces visages qui se détournent à demi pour nous examiner, ces lamentations sourdes, inspirent je ne sais quelle singulière émotion ; c'est presque avec soulagement que nous nous éloignons de ces murs.

Nous traversons le quartier juif ; le Frère Liévin veut absolument nous faire côtoyer toute la tribu.

Rien ne peut donner une idée de la malpropreté de ces rues. Par la pluie, surtout, c'est inouï.

Les types les plus étranges se rencontrent. Voici un vieillard au nez effilé, accroupi dans la boue ; il surveille attentivement une brochette, sur laquelle grillent des débris de viande, qu'il mange à mesure, les déchiquetant avec les doigts.

Un autre, entre deux papillotes pendantes, à travers des lunettes grises, considère d'un regard avide et anxieux les plateaux d'une petite balance, semés de menues pièces d'argent.

Le bazar est agité : on discute, on négocie ; à Jérusalem aussi les juifs ont accaparé le commerce.

1. P. Loti, *Jérusalem*.

La population juive a considérablement augmenté à Jérusalem, depuis les expulsions faites par la Russie ; on l'évalue à 46.000 âmes.

Nous entrons dans la Synagogue.

Ce pauvre sanctuaire semble bien délaissé. Des bancs poussiéreux et déserts, à pupitres élevés, occupent toute la salle. Çà et là quelques vieilles barbes sommeillent dans un coin, où psalmodient la Bible d'une voix chevrotante.

Une multitude de moineaux voltigent, caquetant librement; le temple israélite ressemble à une vaste volière.

Des enfants se balancent sur la chaire, sorte de kiosque, occupant le centre de la salle.

Encaissé dans le mur du fond, apparaît le Tabernacle aux fleurons dorés, où repose le fac-simile des Tables de la loi.

La visite du quartier juif est termine. Il se fait tard ; nous nous dirigeons vers Notre-Dame de France ; d'ailleurs, il ne serait pas prudent de s'attarder en ces ruelles.

Le fidèle Frère Liévin, après nous avoir accompagnées jusqu'au seuil de notre demeure, s'éloigne à pas lents. Nous suivons longtemps sa silhouette brune, toujours impassible..., et bénissons Dieu de nous avoir envoyé pareil guide et protecteur, dans une contrée où tout est pour nous si étrange et inconnu.

Chapitre vingt-deuxième.

SAMEDI SAINT. — SAINT-JEAN DU DÉSERT.

31 avril.

SAINTE-MONIQUE ! que nous aimons notre demeure ! Ce matin, il nous sera permis de rester à Notre-Dame de France, et de jouir un peu d'un repos bien gagné dans ce magnifique monastère, où nous nous trouvons si bien.

Nous assistons à la messe et restons longtemps à la chapelle.

Les Pères récitent l'Office ; l'attitude pieuse et grave de ces jeunes moines est extrêmement touchante.

Côte à côte ils défilent dans les cloîtres, les mains jointes, le capuchon relevé, l'air angélique ; quelque chose de surnaturel plane sur ces visages transparents, et il découle de ces regards quelque chose d'énergique et de suave qui ravit l'âme et porte à la prière.

L'excursion d'Aïn-Karim est fixée à deux heures et demie. En l'attendant, nous nous rendons au bazar, et faisons nos achats chez Maroum, le premier commerçant de Jérusalem... La voiture n'est pas encore en vue ; chacune sur un divan nous étudions les guides et ouvrages parlant des lieux que nous allons visiter.

Saint-Jean du désert sera notre dernier pèlerinage aux environs de la Ville Sainte.

Voici l'équipage ! Le Frère Liévin, Mme Chaize et Marie-Louise en arrière, et nous sur la banquette en avant : telle est notre installation dans ce carrosse, sorte de calèche très haut perchée.

La route est bonne, il ne faut qu'une heure et demie de Jérusalem à Aïn-Karim, ou Saint-Jean du désert.

Nous confiant en la prudence du conducteur, nous portons toute notre attention sur l'intéressante narration du Frère Liévin et contemplons çà et là le paysage environnant.

Singulier est le sol que nous foulons ! Partout d'innombrables blocs de pierre grise, à cavités irrégulières, sur lesquelles languissent de petites fleurs, destinées à se faner bientôt en une même teinte d'or.

On appelle désert, en Orient, une grande étendue de terre où ne se distingue aucune habitation. Nous traversons le désert d'Aïn-Karim.

Si l'homme n'a point élevé de demeure en ces vallons, la terre est pourtant cultivée. Elle est beaucoup plus travaillée qu'autour de Jérusalem.

Nous admirons les champs de figuiers et de vignes. Les ceps sont de véritables arbustes ; ils se soutiennent par leur propre poids...

Tout à coup, campé sur une hauteur que domine et enferme un cirque de collines, noyé dans un bosquet de verdure, Saint-Jean du désert apparaît dans toute sa fraîcheur, comme un bouquet de roses au milieu de fleurs des champs.

Nous saluons avec bonheur cette douce apparition, nous rappelant l'arrivée de la Vierge-Mère, saisie d'un saint enthousiasme et entonnant dans les bras d'Élisabeth l'hymne inspirée du Magnificat.

Quittant la voiture à l'entrée de la bourgade, nous escaladons gaiement la rampe fleurie qui conduit au lieu de la Visitation.

Nous passons devant la fontaine de la Vierge aux eaux vives et abondantes. Comme partout en Orient, cette place est un centre. Un groupe animé de filles et de femmes vient y puiser de l'eau et laver le linge... Marie, humble et pauvre, dut se rendre souvent à cette source, cherchant à donner à Elisabeth tous les soins que sa charité devait lui inspirer.

Les femmes sont belles, nobles et gracieuses. Vêtues d'un

sarrau bleu sur lequel retombe un long voile blanc, elles ont toutes le front enguirlandé de pièces d'or et d'argent. Deux des plus belles monnaies servent de pendants d'oreilles; d'autres forment de riches colliers. Des bracelets de verre retombent sur les bras.

Le costume de la Vierge, que la tradition rapporte avoir été bleu et blanc, devait se rapprocher beaucoup de celui-là.

Nous gravissons le sentier en cueillant des fleurs. Une jeune enfant de trois à quatre ans se presse sur les pas de sa mère. Elle est chargée de pièces d'or et d'argent.

Nous demandons à notre guide la cause d'une telle profusion de bijoux dans un âge si tendre. Le Frère Liévin interroge la mère, qui sourit de notre étonnement et répond que sa fille est fiancée : tous les ornements qu'elle porte sont les présents de son futur époux.

Nous frappons à la porte du petit monastère franciscain..; le Frère nous fait entrer dans la grotte qui servit de demeure d'été à sainte Elisabeth. Cette grotte est transformée en oratoire, car c'est ici le lieu même où fut entonné pour la première fois le Magnificat.

Nous prions quelques instants, répétant en nos cœurs les paroles de la Vierge et de sa sainte cousine, ces deux immortelles oraisons, le Magnificat et la Salutation angélique : « Le Seigneur est avec vous, vous êtes bénie entre toutes les femmes et le fruit de vos entrailles est béni ! »

Dans la chapelle, à droite, le Frère Liévin nous fait remarquer un bloc de rocher portant l'empreinte du corps d'un petit enfant. La tradition rapporte que sainte Élisabeth, poursuivie par les soldats d'Hérode, s'enfuit dans le désert et posa saint Jean sur cette pierre, qui s'amollit comme de la cire pour dérober le Précurseur au terrible massacre.

On a découvert récemment la source, que la tradition disait exister dans la maison d'été de Zacharie et d'Élisabeth. Cette source est très profonde. Enfin, à l'aide d'un petit seau, une des nôtres parvient à puiser un peu d'eau. Nous en buvons toutes, car elle est excellente.

Nous montons à l'étage supérieur par un escalier en pierre, petit, étroit, tortueux, que l'on dit dater du premier siècle.

Du haut de la petite terrasse, la vue est superbe et s'étend sur les montagnes environnantes couvertes de plantations étagées, et soutenues par des maçonneries régulières.

Nous apercevons les débris d'une ancienne chapelle datant du Ve siècle et restaurée par les Croisés. Aïn-Karim de tous temps fut un lieu de prière.

Dans le centre du village un autre sanctuaire s'offre à notre vénération : c'est l'église construite sur l'emplacement même de la demeure ordinaire de Zacharie. Voilà donc le berceau du Précurseur ; ici, Zacharie, inspiré, composa le *Benedictus* et retrouva l'usage de la parole, qu'il avait perdu depuis sa vision au temple.

On discutait sur le nom que l'on devait donner à l'enfant. Zacharie demanda les tablettes et écrivit : « Il s'appellera Jean (1)... »

A l'instant même il recouvra la parole et se mit à louer Dieu : « Béni soit le Seigneur, le Dieu d'Israël ! Il a visité et racheté son peuple... »

L'église est vaste et bien construite, les murs et les piliers sont couverts de régulières plaques en faïence bleue.

A gauche du maître-autel est un large escalier en marbre blanc. Au pied des marches on se trouve dans la grotte, seul débris de la sainte demeure, dont les constructions devaient s'étendre au-dessus et en avant. Le terrain extérieur s'est exhaussé, et cette grotte forme maintenant un véritable caveau... Des lampes brûlent autour de l'autel ; l'encens fume dans de précieuses cassolettes ; à genoux sur la pierre, nous supplions le compagnon de Jésus de demander pour nous les vertus les plus aimées de son divin Maître.

Une courte pause au divan dans le grand couvent des Pères Franciscains, et nous reprenons notre course, nous

1. Johana, don de Dieu.

dirigeant cette fois vers l'autre colline que domine la magnifique campagne des Dames de Sion.

Marie-Louise Bertrand est enchantée de retrouver le costume de ses anciennes maîtresses.

Nous visitons la chapelle et l'humble cellule où mourut en odeur de sainteté le Père Alphonse Ratisbonne.

Les religieuses conservent avec vénération les derniers vêtements de leur fondateur, ainsi que les objets qui lui ont appartenu.

Le perroquet à qui le Révérend Père avait appris l'Angelus, existait encore ; au son de la petite clochette, nous lui avons fait répéter sa leçon.

La vue est admirable sur les terrasses de ce magnifique jardin... Elle s'étend jusqu'aux montagnes où saint Jean se retira dès l'âge de trois ans pour prier et faire pénitence.

Ces vallées sont très pittoresques, fraîches et bien cultivées ; au loin, à gauche et au midi, c'est le désert de la Judée avec ses interminables blocs gris et son aridité désolante.

Si ce n'était l'heure et les instances du Frère Liévin, nous resterions là longtemps encore, contemplant cette belle et riche nature, méditant les mystères qu'elle renferme et nous les appliquant à nous-mêmes.

La nuit tombe, nous remontons en voiture, et, jetant un dernier regard sur cette contrée sauvage si pleine de souvenirs et de beaux sites, nous lui disons un solennel et dernier adieu.

Voici les murs de Jérusalem en dehors des remparts de la Cité sainte ; nous traversons un des nouveaux quartiers israélites.

Nous admirons les superbes toilettes des Juives en robe de soie recouvertes de longs cachemires blancs et roses, bleu ciel, violets et paille, posés sur la tête et descendant en pointe jusqu'aux talons.

Les hommes se promènent aussi, les mains dans les

poches de leurs vastes manteaux de soie doublés de fourrures et coiffés de larges chapeaux à poil fauve.

En passant dans ce faubourg peu sympathique, nous aperçûmes à gauche, dans la plaine, un combat singulier.

Deux femmes, la chevelure en désordre, les mains crispées, la tête en avant, luttent pied à pied, corps à corps. Bondissant l'une sur l'autre comme deux tigresses furieuses, elles s'arrachent les lambeaux de leurs vêtements, tout ce qu'elles peuvent atteindre, évitant les griffes et les morsures de l'adversaire en rage.

Bataille de femmes est une terrible lutte ; il n'y a pas, je crois, dans le monde, de plus atroce combat !

Chapitre vingt-troisième.

LE DIMANCHE DE PAQUES A JÉRUSALEM. — ÉTABLISSEMENTS DES FILLES DE LA CHARITÉ ET DES DAMES DE SION.

14 avril.

C'EST avec un frémissement de joie et d'enthousiasme que nous nous sommes éveillées ce matin, aux solennels appels de toutes les cloches de Jérusalem !...

Qu'annoncent-ils donc, ces joyeux carillons ? Pourquoi cette émotion, cette sainte ferveur ? Pourquoi ces retours de l'imagination vers la famille et la patrie ?

Ah ! comment ne seraient-elles pas émues ces petites pèlerines de France, à qui il est donné, par la miséricorde infinie de DIEU, d'être à Jérusalem le jour où s'accomplit le « Grand Triomphe », la Résurrection du CHRIST, que célèbrent toutes les nations du monde, en un semblable transport ! ! !

Oh ! oui, privilégiées nous le sommes ; mais il en coûte de sentir sa place vide au foyer paternel, au jour où les oiseaux ont dû s'y réunir.

La foule est trop compacte aux abords du Saint-Sépulcre, nous assisterons aux pieux offices de Notre-Dame de France.

Dès l'aube, nous avons le bonheur de communier, puis, à sept heures et demie, nous assistons à la grand' messe, admirablement exécutée. La chorale des Pères de l'Assomption s'est surpassée.

Ah ! qu'il est bon de s'émouvoir aux grandes et nobles

choses! Nous avons ardemment prié pour la France, pour notre famille, pour tous ceux qui n'aiment pas, et se refusent à croire les vérités de la religion,

Après la messe, nous visitons le nouvel établissement des Sœurs de Saint-Vincent-de-Paul.

Les ophthalmies sont nombreuses en Orient : beaucoup d'enfants naissent aveugles. Les Filles de la Charité, récemment arrivées à Jérusalem, construisent au-delà de la porte de Jaffa un vaste hospice. Les premiers accueillis sont les plus malheureux, et, déjà, toute une tribu de jeunes aveugles parcourt les cloîtres inachevés de cet asile providentiel.

La charité a des ailes ; à ce dévouement, il fallut bientôt en ajouter d'autres, et les blanches cornettes joignirent à cette œuvre les soins donnés aux lépreux dans les hôpitaux turcs, l'asile offert aux vieillards et l'éducation des petits abandonnés. Deux fois par jour, un nègre, dévoué serviteur de la maison, fait le tour des constructions. S'il trouve un de ces pauvres innocents, il sonne la cloche, et les bonnes mères accourent ; c'est un enfant de plus que Dieu leur envoie !

Après nous être édifiées au contact de ces saintes religieuses, nous nous rendons au pensionnat des Dames de Sion.

Les filles du Père Ratisbonne possèdent une des stations les plus vénérées.

L'arc romain de l'*Ecce Homo*, qui traverse la Voie Douloureuse en face de leur couvent, se continue chez elles par un arc à peu près sembable, qu'elles ont laissé intact avec ses vieilles pierres frustes et rougeâtres, débris probables du Prétoire de Pilate. Debout dans leur chapelle blanche, cette soudaine apparition impressionne étrangement.

En creusant le sol, elles ont découvert d'autres émotionnantes ruines : une sorte de garde du corps romain, qui, vraisemblablement, servait aux soldats de Pilate, et le commencement d'une rue, au pavage antique, dont la direction est la même que celle de la Voie Douloureuse.

Leur établissement serait construit, tout donne lieu de le croire, sur l'emplacement de la maison de Pilate.

La chapelle est décorée avec un goût exquis, les autels, admirablement compris, sont faits avec les dalles du Prétoire, sortes de pierres rougeâtres.

En haut, sur les terrasses du pensionnat, nous contemplons toute la cité.

Nous reprenons le chemin de Notre-Dame de France. Bibiano, radieux, nous attend sous la porte ; on a préparé un véritable festin. Chacune trouve à sa place ce superbe menu :

POTAGE
ŒUFS ET AGNEAUX BÉNITS
BŒUF SAUCE PIQUANTE
HARICOTS VERTS SAUTÉS
BEEFSTEAK
CROQUETTES DE POMMES DE TERRE
SALADE
PUDDING AU RHUM
CRÈME
DESSERTS
CAFÉ, VINS D'EXTRA

A deux heures et demie nous quittons nos chambrettes pour assister au salut à Saint-Sauveur, église des Pères Franciscains.

La cérémonie est retardée d'une heure... ; nous tâchons de trouver quelques sièges, et, à l'ombre d'un pilier, nous égrenons nos Rosaires.

Peu à peu les nefs s'animent ; des groupes de femmes et d'enfants de toutes nations, de toutes tribus, circulent dans les bas-côtés. Des hommes, des prêtres grecs-unis, arméniens, maronites, traversent la grande allée ; c'est un va-et-vient de types divers, un mélange bizarre de tous les costumes, de toutes les latitudes.

Voici venir le pensionnat des Franciscaines. A un signal donné, toutes les jeunes filles se trouvent par terre, assises à la turque. On ne connaît, dans les églises, ni bancs, ni chaises.

Le Custode et sa nombreuse suite, en habits sacerdotaux, apparaissent enfin... ; les nefs s'illuminent. Des centaines de voix d'enfants se font entendre ; l'orgue joue une symphonie éclatante. L'étonnement nous saisit, un sentiment étrange s'empare de notre âme : tout en nous prie, adore JÉSUS, dont la présence peut, seule, inspirer de tels transports.

Le *Tantum*, chanté par de magnifiques basses, est admirablement exécuté.

La manière d'officier impose ; le scintillement des mille bougies sur cette profusion d'or, produit un effet saisissant ; le cœur s'émeut, l'esprit s'élève vers les hautes régions, l'âme muette s'exhale devant le Tout-Puissant, demandant pour elle aussi holocauste et sacrifice.

Mais, lentement, les moines défilent, la musique s'endort, les voix se taisent, un à un les cierges fument, l'église se dépeuple, nous suivons le courant, machinalement, répétant encore la dernière prière... Nous avions compris et goûté ce que peut être un jour de Pâques à Jérusalem.

Chapitre vingt-quatrième.

LA VALLÉE DE JOSAPHAT.

Lundi, 15 avril.

DANS trois jours il nous faudra quitter la Ville Sainte. Le jeudi, 18 avril, nous prendrons le chemin de fer de Jérusalem à Jaffa, et un « Lloyd » autrichien, l'*Iris*, nous ramènera à Caïpha.

Il faut profiter des dernières heures. A cinq heures et demie le Frère Liévin, sans pitié pour notre paresse, vient ordonner le départ.

La joie que nous ressentons à la pensée d'entendre la messe dans la grotte de l'Agonie, est assombrie par le regret de laisser une des nôtres ; Mathilde, atteinte d'un peu de fièvre, se reposera à Sainte-Monique.

Il fait humide et froid, les nuages gris s'amoncellent, la pluie rapide, torrentielle et glacée, ne tardera pas à tomber.

Par la route solitaire, nous longeons les remparts moroses de la grande cité, où tout repose encore.

Passant devant un campement de Bédouins, près de la porte de Damas, nous contemplons un instant les files nombreuses de chameaux accroupis autour des tentes noires et trouées des habitants du désert, dont on aperçoit çà et là la tunique bleue, noirâtre.

Des pelotons de Russes nous rejoignent avec leur pas lourds, leur rire bruyant. Nuit et jour ils sont aux sanctuaires, dormant dans les églises, étendus sur la pierre. Du pain noir, quelques dates suffisent à ces pèlerins. Mourir en Terre Sainte est une faveur qu'ils envient tous.

Ils passent, chantant un cantique mélodieux, la foi triomphante rayonne dans les regards... Une femme se détache du groupe... Quel est mon étonnement !... Elle s'incline profondément, me salue à l'orientale, puis, portant la main à mon vêtement, elle la baise ensuite avec vénération, et me suit, débitant un long compliment, qu'elle termine enfin par son plus gracieux sourire.

Mes compagnons rient beaucoup de cette petite aventure ; le Frère Liévin m'engage à être très flattée de l'élogieux discours qu'elle vient de m'adresser. J'avoue que je m'en serais privée très volontiers.

Cette Russe m'aura probablement prise pour une de ses compatriotes, cela nous est arrivé souvent.

La Sainte Messe dans la grotte de l'Agonie ! Est-ce un rêve !! N'est-ce point une illusion ?

Oh ! non, car nous sommes là, le front collé sur la roche humide, méditant, en la grotte solitaire, l'Agonie du Sauveur Jésus !

Il n'y a pas de sanctuaire plus attrayant, pas de lieu où le souvenir du Christ soit plus réel et plus vivant !

La physionomie de cette grotte, on peut l'affirmer, est la même qu'au moment où le Fils de l'homme venait y méditer, une dernière fois, les amertumes de son immolation. L'autel marquant la place de la sueur de sang, n'empêche pas de baiser le roc sanctifié par les gouttes tombées du front divin. « Ces voûtes ont tressailli des gémissements de Jésus, ont été illuminées par l'apparition de l'ange, ont vu sceller le pacte entre la volonté de l'homme et celle de Dieu. Pierres saintes, dont la nudité vaut mieux que toutes les splendeurs, parce qu'elle ne met rien entre mon regard et le grand spectacle qu'il veut contempler !

» Ici, je vois et j'entends réellement mon Sauveur ; mon âme devient, avec la sienne, triste jusqu'à la mort, et mes genoux plient involontairement sur ce rocher, où je répands aussi des larmes. Je suis à ses côtés, j'essaye de le consoler et de le soutenir, et s'il s'affaisse ; je tombe avec lui, dans ses bras, pressé contre son cœur, victime expiatoire comme lui-même pour mes péchés et ceux du monde (1). »

Le temps si doux du recueillement est passé, il nous faut partir et céder la place aux Russes.

Ils arrivent nombreux, par groupes, marchant sans bruit avec un excessif respect ; vingt fois ils remontent la partie obscure du sanctuaire, toujours saluant, toujours priant. Avant de franchir la porte, ils se prosternent au hasard, pour baiser quelque chose de plus dans ce saint Lieu : une dalle, une vieille statue, la base d'un pilier.

Les impressions du grand passé nous reprennent bientôt lorsque nous nous retrouvons dans la partie solitaire et désolée de la vallée de Josaphat. « Cette vallée est bien » propre à évoquer les ombres de la mort ; on n'y voit que » des tombeaux, il s'en dégage une atmosphère de tristesse » et d'effroi ; rien que des roches nues, un amas de pierrailles » qui ressemblent aux ossements qu'Ezéchiel vit marcher » et vivre ; rien que des tombes brisées, cippes funéraires, » arbres rachitiques, peu de verdure, et au milieu de cette » désolation, un torrent desséché qui est le Cédron (2) ! »

Combien de lugubres souvenirs renferme cette triste vallée : la trahison de Judas, la douloureuse nuit du jeudi saint, où le Sauveur garrotté est conduit à Jérusalem, le passage des prophètes, et enfin la pensée grandiose, effrayante, de la venue du Juge Suprême au dernier jour du monde... Ici tout viendra, selon qu'il est écrit, s'anéantir, il ne restera plus que les vertus et les péchés.

C'est peut-être en contemplant cette vallée de larmes que Salomon, du haut de son palais, s'écria : « Vanité des vanités, tout n'est que vanité, hors aimer DIEU et le servir. »

Pour compléter l'horreur et la tristesse du lieu, des lépreuses à demi rongées implorent la pitié du passant, tendant vers lui leurs membres déformés.

1. Le P. Ollivier, *La Passion.*
2. Pierre Loti, *Jérusalem.*

Plongées dans de graves pensées, nous suivons silencieuses le Frère Liévin ; il nous indique, d'un ton bref, le mausolée où fut inhumé Absalon (c'est un monolithe de granit rougeâtre), puis le tombeau de Josaphat, qui a donné son nom à la vallée, plus loin enfin celui de saint Jacques le Majeur.

Nous traversons le pont jeté sur le lit du Cédron. Un escalier tortueux conduit à l'endroit où les Juifs barbares cherchèrent à précipiter le Sauveur, accomplissant ainsi cette parole du prophète : « Il boira l'eau du torrent. »

Catherine Emmerich raconte ce passage de la Passion du Sauveur d'une façon bien émouvante. « Arrivés sur le » milieu du pont, dit-elle, les archers ne mirent plus de » bornes à leurs cruautés ; ils poussèrent brutalement Jésus » enchaîné, et le jetèrent de toute sa hauteur dans le torrent, » lui disant de s'y désaltérer. Sans une assistance divine, » cela eût suffi pour le tuer.

» Il tomba sur les genoux, puis sur le visage, qui eût été » grièvement blessé contre les rochers, à peine couverts » d'un peu d'eau, s'il ne l'avait pas garanti avec les mains » qui, par une assistance d'en-haut, s'étaient déliées. Les » genoux, les pieds, les coudes s'imprimèrent miraculeu» sement sur le rocher où il tomba, et cette empreinte fut » plus tard l'objet d'un culte. »

Les traces divines sont encore visibles, le pèlerin s'y arrête et les vénère avec amour.

Les tombeaux de saint Jacques le Mineur (premier évêque de Jérusalem), de Zacharie (fils de Barachie, tué par les Juifs entre le temple et l'autel), se dressent devant nous, puis la colline communément appelée du « mauvais conseil. » Ce fut là, dans la maison de Caïphe, que se tint, quarante jours avant la Passion, la trop célèbre assemblée dans laquelle les pharisiens résolurent de faire mourir Jésus.

Ces montagnes furent témoins de la mort du traître Judas. Suspendues au flanc du versant à gauche, des grottes et des huttes sauvages s'étagent sur le rocher. Ce village est Siloé. Les habitants sont tous musulmans. Oh ! c'est bien là le lieu de l'abomination et de la désolation ; on dirait un repaire de brigands, le rocher lui-même est percé de larges orifices semblables à des gueules béantes ; des femmes en haillons font le ménage ; des lépreux se préparent à venir encombrer la Ville Sainte. Détachons nos regards de cette terre maudite et rappelons-nous les poétiques souvenirs de la « fontaine de la Vierge. »

Marie vint y laver le linge pendant son séjour à Jérusalem, lors de la Présentation du divin JÉSUS au temple. Elle habitait une maison située non loin de là, près de la cour du temple.

Cette fontaine est une source intermittente. On descend d'abord par seize degrés sous une voûte pour arriver à un palier ; puis encore quatorze degrés jusqu'au bord de l'eau. Le bassin est plus long que large et le fond est couvert de petites pierres.

Nous marchons quelques minutes dans le lit du Cédron, ramassons des pierres aux vives couleurs, puis, tournant à droite, nous arrivons à la « piscine de Siloé. » Longtemps on lui attribua une vertu curative, mais le seul miracle avéré est celui de l'aveugle-né, que Notre-Seigneur guérit en lui ordonnant de s'y baigner les yeux. Cet aveugle devint plus tard saint Sidôme.

Cette eau s'écoulait dans la piscine du roi ; elle en sortait pour arroser les magnifiques jardins des rois, convertis en jardins des « fellahs » de Siloé.

Ce sont les seuls endroits où la fraîcheur permet d'avoir des fruits toute l'année ; aussi sont-ils très cultivés. Souvent le Cédron déborde et détruit tout dans un accès de fureur ; mais la saison des pluies passée, on se met à l'œuvre, et les dégâts sont vite réparés.

Un arbre millénaire situé près de là rappelle le martyre d'Isaïe, scié en deux par ordre de Manassé.

Gravissant la montagne, nous arrivons à la « Retraite des

Apôtres », cette grotte où, selon la tradition, les Apôtres se réfugièrent pendant la Passion. Un groupe de pèlerins russes chantent des cantiques tandis qu'un de leurs prêtres célèbre les Saints Mystères.

Un peu plus haut se trouve le champ de Haceldama, ou « Prix du Sang ». On est surpris de voir l'orge croître en ce carré de terre ; on le voudrait stérile.

Nous pénétrons dans la vallée de « Bel-Hinnom » ou de Topeth. Sous le règne de Manassé, les Juifs infidèles y avaient élevé la statue en bronze du dieu Moloch. On la faisait rougir sous l'action du feu, et dans ses bras les pères et les mères déposaient leurs jeunes enfants. C'était là que des parents dénaturés dansaient autour de l'idole pendant que les prêtres impies battaient du tambour (1) pour étouffer les cris des innocentes victimes... DIEU exerça un châtiment terrible sur les malfaiteurs. Par la voix du prophète Jérémie il avait dit : « Les enfants de Judas ont fait ce qui a été mal à mes yeux ; ils ont construit des autels sur les hauteurs de Topeth, pour immoler leurs fils et leurs filles. Je n'ai jamais ordonné cela ; c'est pourquoi les jours viennent où l'on ne dira plus « Topeth, ni la vallée des fils de Hinnom, mais la vallée du carnage, et l'on y ensevelira les morts. »

La prophétie s'est réalisée, car il est impossible de compter le nombre de sépultures accumulées en ce lieu. Les massacres prédits s'accomplirent avec une telle violence que le nom de la vallée adjacente devint pour les Juifs le synonyme de l'Enfer ; de là le nom de « Géhenne » donné à ce lieu et employé pour désigner l'empire de Satan.

Par ordre de DIEU, le prophète Jérémie brisa un vase en cette vallée et dit aux Juifs : « De même qu'il vous est impossible de recomposer ce vase, de même DIEU écrasera votre nation, et il vous sera impossible de la reconstituer. »

Il pleut, l'eau ruisselle le long des pierres grises, le Frère Liévin relève son grand capuchon, et, philosophiquement

1. D'où vient le nom de « Topeth », tambour, donné à cette vallée.

assis sur une roche, il regarde les nuages s'amonceler. Marie-Louise et moi cherchons un abri dans quelque vieille crevasse d'une pierre tombale.

Nous rentrons à Jérusalem par la porte de Jaffa, et retrouvons avec joie la pauvre malade, soignée par deux Sœurs de St-Joseph, la providence des pèlerins. Elles assurent que cette petite fièvre n'a rien de grave.

Nous sommes invitées à déjeuner au consulat ; Marie-Louise et moi nous nous y rendons seules.

La soirée se passe à Sainte-Monique, préparant la visite de la Mosquée d'Omar, réputée merveilleuse et vénérable entre toutes.

Chapitre vingt-cinquième.

LA MOSQUÉE D'OMAR.

ADIEUX AU CONSULAT ET A CASA-NUOVA.

Mardi, 16 avril.

Désireuses de communier une fois encore dans le tombeau de Notre-Seigneur, Madame Ch. et moi nous nous rendons au Saint-Sépulcre.

L'entrée du tombeau est interdite aux fidèles. Grâce à l'intervention du Frère Liévin nous pûmes cependant y accéder, et, avec de l'audace, nous conservâmes nos places jusqu'à la fin.

Après la cérémonie nous pénétrons dans la grotte pour baiser la pierre tombale, murmurant une dernière prière, implorant les dernières grâces... Un flot de pèlerins russes envahit tout à coup l'espace étroit. Nous eûmes un instant d'angoisse indescriptible ; comment sortir ! Nous parvînmes cependant à nous dégager et à gagner enfin le seuil de la grotte.

A huit heures, précédées d'un cawass du consulat de France, nous nous dirigeons vers la célèbre Mosquée.

Après la « Kaaba » de La Mecque, ce lieu est le plus vénéré par les adorateurs de l'Islam ; la caravane s'y arrête avant de se rendre au tombeau du Prophète. L'accès en fut interdit aux chrétiens sous peine de mort jusqu'à la guerre de Crimée. On peut y pénétrer maintenant avec la permission du pacha, un fort pourboire et sous l'égide forcée de deux soldats turcs.

« Nous franchissons la fanatique ceinture par une porte

délabrée, largement voûtée, et débouchant sur une esplanade gigantesque où l'œil s'égare sur une multitude de fontaines, ruines informes plantées au hasard parmi les rares cyprès et groupées dans un désordre qui n'est pas sans charme autour de la grande mosquée (1). »

Cette vaste enceinte du Haram-ech-Cheriff (enceinte sacrée) a près de cinq cents mètres de superficie. Le voilà donc ce Temple dont l'Evangile nous rappelle les si émouvants souvenirs !...

La disposition en est restée la même :

1° Le parvis des Gentils, accessible à tous sauf aux contrefaits et aux aveugles, immense cour dallée qui ménageait une transition entre le va-et-vient de la voie publique et les abords de l'endroit où était renfermé le Saint des Saints.

2° Le parvis d'Israël.

Gravissant de larges degrés, nous atteignons cette vaste plate-forme dallée sur laquelle repose la merveilleuse mosquée :

Dans cette cour, Marie présenta le divin Enfant et Siméon chanta le *Nunc dimittis*. Un peu plus tard, la Vierge-Mère retrouva le jeune adolescent, après des angoisses terribles, au milieu des vieux docteurs d'Israël. Ici, JÉSUS couvrit de confusion les pharisiens, les docteurs, et surprit maintes fois leur ruse hypocrite, soit en traçant leurs crimes sur le sable pour faire miséricorde à la femme adultère, soit pour trancher la question si captieuse de l'impôt romain, en leur faisant présenter un denier à l'effigie de César. C'est là qu'il vit la veuve glisser dans le tronc les deux deniers. Là, il chassa par deux fois les vendeurs et renversa les tables des changeurs de monnaie ; là enfin retentit l'hosanna d'une foule enthousiaste pour acclamer, au jour des Rameaux, le Très-Haut, le Fils de David !

3° Enveloppant immédiatement le Saint des Saints, repo-

1. *Jérusalem*, Loti.

sait le parvis des prêtres où s'élevait l'autel des holocaustes. Il est probable que Notre-Seigneur n'entra jamais dans cet atrium, non plus que dans le temple lui-même, interdit à tous ceux qui n'étaient pas de la tribu de Lévi.

Ce parvis est surmonté d'un gracieux dôme bleu en mosaïque, soutenu par des colonnes en faïences.

Ici, il faut subir l'humiliant formalisme du rituel musulman, enfiler les babouches liturgiques.

Nous franchissons le seuil de la mosquée mystérieuse. « Aux premiers instants, il y fait presque nuit, on ne perçoit que confusément la notion d'une splendeur féerique. Un éclairage très atténué tombe de ces vitraux, célèbres dans tout l'Orient, qui garnissent là-haut la série de petites fenêtres cintrées ; on dirait que la lumière passe à travers des fleurs et des arabesques en pierres précieuses montées à jour. C'est l'illusion sans doute qu'ont voulu produire les inimitables verriers d'autrefois (1). »

C'est de la vitrerie pure et simple, l'action du pinceau n'y entre pour rien, chaque fragment de ces vitres a été découpé dans des verres multicolores. De plus, ces vitraux sont montés en plâtre, et non en plomb, chaque morceau de verre se trouve enchâssé dans une petite lunette ; il en résulte des teintes d'une douceur de ton que la plume ne peut décrire. « La mosquée octogonale est soutenue intérieurement par deux rangées concentriques de colonnes, dont la seconde supporte la haute coupole à double calotte, d'environ cinquante mètres de diamètre ; elle ménage autour de l'enceinte principale une double galerie circulaire d'un bel effet architectural (2). »

Les colonnes sont de marbres de différentes couleurs, les unes de porphyre, les autres de marbre vert, d'autres encore de violet veiné de blanc ; toutes sont surmontées de chapiteaux dorés.

1. Pierre Loti, *Jérusalem.*

2. *Jérusalem*, P. Loti.

« Les arceaux de ces voûtes, d'une magnificence unique, sont de prodigieuses mosaïques recouvrant tout, représentant des dessins d'une finesse exquise... ; ces myriades de fragments de marbre de toutes nuances ressortent admirablement sur les fonds de mosaïque d'or et de nacre semés partout à profusion.

» Sous la coupole, entouré d'une balustrade monumentale, se dresse un rocher sauvage ; c'est la cime du mont Moriah. Il faut se hisser sur quelque socle de marbre pour arriver à plonger les yeux dans cet intérieur si caché, et alors on jette un cri d'étonnement en voyant cette roche sombre, masse inerte entourée de tant de splendeurs (1). »

Quand le Frère Liévin nous eut déroulé le passé gigantesque qu'évoque cette roche sombre, alors seulement nous comprîmes son existence et la respectâmes.

Là, Abraham, dans sa robuste foi, vint pour immoler son fils Isaac ; là reposait l'arche sainte. C'est ici que David aperçut l'ange exterminateur, « tenant en main une épée nue tournée contre Jérusalem. » David y dressa l'autel des holocaustes ; Salomon y bâtit le temple. Pendant la durée du royaume latin, l'autel principal des Templiers reposait là.

Dans la suite des âges, le mont Moriah devint le centre de magnificences inouïes et de destructions acharnées.

En 606 le Saint des Saints fut brûlé par Nabuchodonosor II et l'arche fut transportée sur le mont Nébo par Jérémie. D'après la tradition, la grotte où elle fut déposée, introuvable jusqu'alors, sera visible à la fin des temps.

Reconstruit au retour de la grande captivité, le Temple fut plusieurs fois pillé par les Ptolémées et les Antiochus, et enfin consacré à Jupiter Olympien par Antiochus Epiphane en 198. En l'an 37, Hérode entreprit sa complète restauration.

La fin de son histoire est tragique. Titus faisait le siège de la Ville Sainte avec un acharnement terrible ; des signes

1. P. Loti, *Jérusalem.*

effrayants annonçaient la ruine de Jérusalem ; des voix étranges s'écriaient dans le silence de la nuit : « Sortons d'ici ! sortons d'ici ! » Enfin un simple légionnaire jette un tison dans le Temple ; l'incendie éclate, le massacre commence, et bientôt les cadavres s'élèvent en monceaux dans le parvis des prêtres jusqu'au niveau de l'autel ; six mille Juifs furent brûlés vifs dans une galerie, car les soldats étaient las de tuer.

Le Temple resta enseveli sous les décombres.

Adrien, au IIe siècle, fit passer la charrue sur l'emplacement du temple et y érigea une statue à Jupiter. Plus tard Julien l'Apostat, afin d'être sûr que la postérité devrait à lui seul la reconstruction du Temple, arracha au sol les derniers débris des constructions hérodiennes. A peine avait-on commencé les premiers fondements du nouveau temple, que des flammes surgirent, dévorant tout ; et la parole prophétique s'accomplit : « Il n'en restera pas pierre sur pierre. »

Au VIIe siècle, Omar, entrant à Jérusalem, trouva le mont Moriah enseveli sous une montagne de débris et d'immondices. Le Khalife de ses propres mains commença à déblayer le terrain ; son armée l'imita et la mosquée grandit rapidement. Omar mourut sans avoir pu l'achever. Son successeur Abd-el-Mélik eut la joie de la terminer.

La mosquée subit peu de changements. Elle est à peu près telle qu'on la construisit, il y a près de 1.300 ans, en 636. Les Croisés se contentèrent d'élever l'autel sur le rocher, et la Croix pour un temps remplaça le Croissant.

L'imagination orientale a donné ici carrière à ses fictions ; nous attachons peu d'importance à ces récits fabuleux, c'est à grand'peine que nous retenions nos rires pendant leur long développement.

Le puits des âmes, les doigts de l'archange Gabriel, le bouclier de l'oncle de Mahomet, les deux poils de la barbe du Prophète, etc. etc., ne nous semblent pas dignes d'intérêt.

A l'extrémité sud du parvis des Juifs, s'élève la mosquée d'El-Aksa (mosquée éloignée). C'est l'ancienne basilique de la Présentation construite par Justinien en l'honneur de la

Vierge, à l'endroit où celle-ci fut présentée au Temple, où elle demeura de trois à quatorze ans.

Ce vaste parallélogramme, divisé en sept nefs, est remarquable par six rangées de colonnes en pierre et en marbre, dont les chapiteaux, provenant de la destruction de temples païens, sont tous différents. Ce vaste monument, par l'ampleur de son vaisseau, la longueur de ses nefs, rappelle certaines de nos églises d'Europe ; aussi cet abandon, cette nudité choquent et peinent. Il semble que ces immenses tapis fanés, ces deux chandeliers monumentaux, ce « Méhérel » (tribune) pour la prédication du vendredi, tout cet attirail du rituel de l'Islam, devrait faire place à nos autels, aux croix et tableaux de nos églises, et ainsi cette grande basilique perdrait cet aspect triste et nu qui la caractérise aujourd'hui.

Les premiers chevaliers francs obtinrent du roi de Jérusalem une habitation sur l'emplacement du Temple ; on les désigna, dès lors, sous le nom de chevaliers du Temple *(Milites Templi)*. On montre leur salle d'armes. Les vastes souterrains qui portent le nom d' « Écuries de Salomon » abritèrent leurs chevaux. Ce monde souterrain, indéfini de colonnes et d'arceaux, produit un effet saisissant.

En longeant la muraille où l'esplanade domine à pic les ravins de Josaphat, nous côtoyons un petit édicule, que les musulmans nomment tombeau de Salomon. Ceci est une erreur, mais laissons-la aux croyants ; c'est une de leurs dévotions. Pour eux ce lieu est sacré : les fenêtres grillées sont garnies d'ex-voto multicolores, chiffons ou lambeaux de vêtements...

Après-demain, il nous faudra quitter ces sanctuaires si vénérables et si chers, auxquels nous nous sommes accoutumées ! Après-demain, nous devons dire adieu à la Ville Sainte ! Cet adieu ne sera-t-il pas éternel ?... Hélas! le courant de la vie nous entraîne, et Dieu seul peut savoir où il nous conduira.

Nous profitons du repos accordé cette après-midi pour

nous rendre au consulat général. Nous sommes heureuses de remercier la famille Ledoulx de toutes les bontés qu'elle n'a cessé de nous témoigner pendant notre séjour à Jérusalem. Monsieur le consul nous a remis à chacune un chapelet en grains d'olivier de Gethsémani et plusieurs reliques bien chères à nos cœurs de pèlerins. Melle Élisabeth promet de venir nous revoir demain.

Nous quittons cette aimable famille, ravies de voir la France si noblement représentée en la personne d'un chef si éminemment chrétien et distingué.

Notre seconde visite sera pour le Révérendissime Custode. Nous entrons dans le petit parloir des Pères Franciscains, et après quelques instants d'attente, le Custode arrive.

Il nous tarde de présenter au Père nos respectueux hommages, et de lui exprimer notre reconnaissance pour avoir permis au Frère Liévin de nous accompagner si fidèlement.

Il nous bénit et promet de nous accorder les grands diplômes de pèlerins, qui sont très rarement donnés.

Le Custode est supérieur de tous les monastères franciscains d'Orient. Ses pouvoirs sont très étendus. Il officie pontificalement, distribue le sacrement de confirmation et remplit toutes les fonctions épiscopales.

Depuis les Croisades, le Révérendissime Custode avait été à Jérusalem l'unique représentant de l'Église romaine ; actuellement, le Saint-Père a profité d'une apparence de liberté pour nommer un patriarche et rétablir la hiérarchie ecclésiastique. Mgr Piavi occupe en ce moment ce siège important. Sa santé est délicate ; Mgr Appodia, coadjuteur, remplace Sa Béatitude et préside les grandes cérémonies.

Il nous a été possible de revoir le Révérend Père vicaire. Ce Père est Français ; sa physionomie énergique et distinguée, la doctrine ferme et pénétrante de sa parole éloquente et persuasive, rendent témoignage du rang élevé qu'il occupe dans l'ordre séraphique. Il promet d'avoir pour nous un souvenir particulier au pied de l'autel et nous remet un magnifique chapelet en grains d'olivier de Gethsémani.

Chapitre vingt-sixième.

ADIEU AU SAINT-SÉPULCRE.
EN ROUTE DE JÉRUSALEM A CAÏPHA.

Mercredi, 17 avril.

A SEPT heures, nous gravissons pour la dernière fois l'escalier qui conduit à la chapelle haute, sur le Golgotha. — Là, prosternées au pied de ces autels à demi éclairés par les lampes, nous murmurons une dernière et fervente prière.

Nous sommes visiblement émues, plus impressionnées que jamais. Avec un respect infini, nous baisons cette mosaïque usée qui couvre la terre même où le CHRIST sanglant fut cloué au bois de la Croix. L'instant est suprême ; nous prions pour la France, pour la famille que nous représentons, pour tous ceux qui ne veulent pas du CHRIST, qui le renient, qui le blasphèment ! « Oh ! le CHRIST, quoi que les hommes fassent, quoi que les hommes disent, il demeure bien le Tout-Puissant, l'unique... » Un incroyant de nos jours jetait malgré lui ce cri au pied du Calvaire...

Cherchez-le donc, vous tous qui ne le connaissez pas, puisque vous confessez avec raison qu'en dehors de lui tout est vide ; venez, prosternez-vous. Aimer, c'est facile ; le CHRIST ne demande rien de plus !!! En lui on reconquiert la paix, l'espérance, cette vertu bienfaisante qui redouble les forces!!!...

Une seconde fois, nous faisons le tour des chapelles et des grottes du Saint-Sépulcre ; nous descendons jusqu'à l'étrange crypte de Sainte-Hélène et pénétrons dans le sanctuaire des Grecs.

Ne pouvant détacher nos regards du tombeau du CHRIST, nous y prions encore. Pour le chrétien ces lieux sont un aimant irrésistible ; ils attirent ; on ne peut les quitter ; il faut s'en arracher. Tristement nous regagnons Notre-Dame de France et préparons le départ du lendemain.

A dix heures Mgr Piavi nous reçoit au Patriarcat. Il nous accueille avec une bonté et un entrain charmants. Nous relatons nos impressions diverses sur la Ville Sainte et exposons devant lui nos plans de voyage. Mgr nous bénit, et remet à chacune des pèlerines une enluminure. Celle de la Voie Douloureuse m'est échue ; Mathilde, dans ses loisirs, pourra rêver sur la mosquée bleue.

L'après-midi, nous visitons Notre-Dame de France.

Le grand bâtiment, si digne d'intérêt, a déjà pris des proportions importantes ; nous sommes fières de l'œuvre toute française des Pères Assomptionistes. « Il importe plus » qu'on ne saurait le croire, lorsqu'on n'a pas vu de près » les saints Lieux et les choses d'Orient, que la France soit » représentée à Jérusalem par un monument qui puisse » rivaliser avec ceux qu'élèvent à grands frais les Russes, » les Allemands, les Anglais, et qui réponde au prestige » incontestable que la foi et la valeur de nos ancêtres, le » sang versé et les services rendus par les efforts de nos » religieux, nous ont acquis dans ces contrées (1). »

Nous arpentons avec joie les longues galeries de cellules, les vastes salles de réunion, nous montons sur la terrasse d'où l'on jouit d'une vue remarquable sur Jérusalem, le mont des Oliviers, la route de Bethléem, les monts de la Judée, puis nous prions une dernière fois en la chapelle tant aimée, et regagnons notre appartement.

A six heures du soir, Mme C. et moi nous sommes pénétrées du désir de retourner au Saint-Sépulcre. Vivement, nous traversons ces chemins que nous connaissons par cœur, nous côtoyons indifféremment ces types divers qui nous sont familiers. Les marchands du parvis nous reconnaissent et n'ont plus ces regards inquisiteurs que l'on donne

1. M. Landrieux, *Au pays du Christ.*

à l'étranger. Enfin, nous atteignons la basilique ; une seule chose nous attire ; passant brusquement à travers les colonnes et les arceaux, nous entrons immédiatement dans la grotte... Le Frère nègre venait de fermer la porte ; à notre vue, il s'agenouille et attend patiemment.

Nous nous prosternons sur le marbre glacé, laissant là, pour toujours, quelque chose de notre âme, et répétant lentement les noms de ceux dont le souvenir est gravé dans nos cœurs.

A sept heures et demie, nous prenons notre dernier repas. Melle Ledoulx vient très aimablement nous dire adieu.

Puissions-nous la retrouver un jour en quelque coin de France !

Jeudi, 18 avril.

Sept heures du matin. Une presse terrible succède au réveil ! Nos étroites valises se refusent à contenir une partie de nos vêtements. Vêtues comme des Lapons, il nous faut affronter la chaleur du jour.

Le conducteur du carrosse, pressé par le janissaire, enlève le véhicule au triple galop.

Silencieuses et recueillies, nous jetons un dernier et pénétrant regard sur la sainte Cité. Le dernier minaret, la flèche du Saint-Sépulcre, les petites maisons juives, les murs crénelés, la tour de David, tout cela disparaît peu à peu dans un dernier tourbillon.

Jamais nous n'oublierons les émotions de ce départ... Gênées par nos nombreux colis, à peine avons-nous traversé la foule, que nous sommes dans l'impossibilité de trouver place dans les wagons. Ils regorgent de monde et les Turcs s'y empilent encore ! La plus fatiguée d'entre nous finit par trouver place dans un étroit compartiment de dames. Les trois autres la rejoignent et l'on s'installe, partie sur les banquettes, partie sur les valises. La pensée de trois longues heures à passer ainsi est alarmante ; dans quel état en sortirons-nous ?... Notre malade absorbe trois cachets de quinine ; nous nous aspergeons de vinaigre de Bully et d'eau de Cologne.

A peine installées, on s'aperçoit que deux chapeaux ont été oubliés. Nous rappelons le cawass ; il part comme un éclair, monte en voiture, promet au cocher bon backchiche, et sept minutes plus tard revient triomphant, rapportant sous le bras les deux malheureuses pailles.

Au mouvement du train, un soupir de soulagement s'échappe de toutes les poitrines... Les galeries ne seront plus assaillies. Nous sommes trente, le compartiment est plus qu'au complet.

L'entourage est pittoresque.

Ici, deux Grecques, aux traits accentués, fument la cigarette, envoyant aimablement la fumée dans le nez des voisins. Là, une Syrienne surveille le café ; elle tient en main son petit brasero, sur lequel fume, dans la cafetière ciselée, l'indispensable boisson. Les Turcs égrènent nonchalamment le chapelet d'ambre des 99 attributs ; des Juives, au joli teint, écossent des fruits secs. Bientôt, hélas ! le calme est troublé ; les femmes quittent leurs babouches, cherchant à faire un divan de l'étroite banquette ; certaines étendent sans façon les pieds sur nos couvertures, trouvant sans doute la position plus moelleuse... Mal leur en prit, je me fâchai. Tout en haussant les épaules, la plus téméraire s'accroupit par terre, sans prendre garde à nos épluchures d'oranges et à l'inondation causée par une cruche d'eau percée.

Pour comble d'horreur, notre vis-à-vis, un vieux Turc à barbe grise, déchiquette avec les doigts les restes pantelants de chairs crues attachées à un os de gigot... Je n'en dirai pas davantage : ce tableau et les oscillations ininterrompues du wagon suffisent pour donner le mal de mer.

Tout à coup, un cri d'infortune s'échappe du petit compartiment voisin. Notre ballot de couvertures, dans une descente précipitée, a franchi en deux bonds l'obstacle qui l'arrêtait... Deux têtes endormies sont frappées ; elles se réveillent en sursaut, nous lançant un regard gémissant et furieux.

Etouffant les rires, nous nous efforçons de les calmer par des signes de commisération.

Après avoir successivement passé les quatre stations de Bétir, Déir-Aban, Ramlé et Lydda, nous arrivons à Jaffa.

Sous un soleil de plomb, nous nous dirigeons chez le consul de France, M. Fornier.

La distance à parcourir est grande ; une des nôtres a la fièvre : pourra-t-elle, sans danger, faire cette longue course ? Hélas ! il le faut bien ; les voitures de Jaffa, au chiffre limité de sept, sont toutes retenues par les Anglais.

M. et Mme Fornier, un tout jeune ménage, nous reçoivent très aimablement ; leur habitation ressemble à un de ces petits chalets de bois, si nombreux en Suisse.

Tout y est primitif et incommode. Notre petite malade s'étend, dans la chambre du haut, sur un sofa ; une jeune Grecque naine lui apporte deux œufs, du bouillon et du sirop de café, qu'elle accepte avec plaisir.

Dans la salle à manger, un repas très réconfortant nous est préparé. Deux nouveaux personnages ont pris place à la table commune : les filles du chancelier du Caire. Elles suivent à Jérusalem le pèlerinage d'Egypte. Ces deux jeunes filles sont d'une pâleur effrayante ; le voyage en mer les a brisées.

C'est une jolie préparation pour toutes les fatigues qu'elles auront à supporter pendant leur pèlerinage !!

Deux heures. — La mer paraît houleuse, le vent siffle, ses longs mugissements, se mêlant aux hurlements des vagues qui se rompent contre les récifs, sont loin d'être rassurants.

Trois heures. — Nous nous dirigeons vers le port, côtoyant la plage ensablée. Les coquillages abondent, ils miroitent au soleil ; nous en faisons ample provision.

Pour gagner l'*Iris*, il faut se livrer en une pauvre barque au caprice des flots écumants, côtoyer les récifs et traverser la trop célèbre « Passe de Jaffa. »

Le moment est venu de s'embarquer ; Marie-Louise tremble de frayeur ; M. Fornier est là, heureusement, et dans un monologue plaisant, il nous fait oublier le danger.

Au début, tout va bien ; une vague obligeante nous soulève au-dessus de la passe : les récifs ne sont plus à craindre... Peu à peu des mouvements sous-marins se font sentir ; les vagues deviennent énormes, la nacelle se trouve, à plusieurs moments, dans la position verticale...; nous n'avançons pas... A chaque coup de rame, le faible esquif est élevé à trois mètres de hauteur. Nous nous cramponnons aux planches, plus mortes que vives, mais nos huit rameurs sont braves ; tous se plient et se relèvent, frappant les vagues en cadence, et murmurant un refrain arabe.

Nous touchons l'*Iris ;* deux matelots, véritables hercules, nous saisissent, et, sans avoir le temps d'y songer, nous sommes sur le pont.

Mme C. et Marie-Louise, déjà souffrantes, passeront là toute la nuit, dans l'impossibilité de faire un mouvement.

Quant à nous, descendant l'escalier des cabines, nous nous mettons à la recherche d'une couchette.

Pas de place !!! pas de place !!! Enfin, j'aperçois une des couchettes supérieures dont, seuls, un parapluie et une capote indiquent la prise de possession.

En un instant, parapluie et chapeau rejoignent leurs confrères sur le lit d'en bas, inondé de valises et de sacs.

Je domine avantageusement la situation du haut de ma conquête.

Une heure passe... Magdeleine m'a quittée pour s'installer dans le dortoir voisin.

Là-haut, nos malheureuses compagnes soutiennent leurs visages défaillants au-dessus des bastingages. Alors même que la nuit froide les glace, il leur est impossible de descendre...

Une allègre Miss anglaise, dans la trentaine, a suffisamment goûté la fraîcheur du crépuscule ; le roulis ne la trouble pas plus que le tangage ; elle descend tranquillement l'escalier. La porte de notre cabine s'ouvre : Miss s'approche et tire légèrement un des petits rideaux rouges !...

Un mouvement de recul... *Somebody is in my bed.* Retour à l'avant.. *Dear, this is my bed.*

Je me suis préparée à cet assaut...; les yeux à demi fermés, étendue, immobile, je laisse s'échapper une plainte, puis un cri de désespoir. *Oh leave me, leave me please. I am so sick I have fever, fever, a great fever !*

La fièvre, en effet, ne m'avait pas quittée depuis Jérusalem; elle me fut presque utile en cet instant critique, car le droit du plus faible fut jugé le meilleur.

L'obligeante Miss n'insista pas, et je la vis peu après installée sur le lit d'en bas, que, patiemment, elle avait fait surgir d'entre les sacs et couvertures.

Elle me regarde avec commisération..., la conversation s'engage : la fièvre l'avait éprouvée sur les rives de la mer Morte.

« Quelque chose vous ferait du bien, » dit-elle, et Miss me fit envoyer, par une de ses compatriotes, un peu de café et de cognac..

Magdeleine a fini par trouver place dans la salle à manger.

Tout près de la porte, en haut, un lit est inoccupé. Je m'y glisse doucement... A droite, à travers le rideau transparent, je contemple le va-et-vient des passagers. A gauche, par le sabord entr'ouvert, je puis voir le flot mouvant, et caresser la vague écumante qui vient se fondre dans ma main.

A six heures le dîner sonne. Le bateau est comble : trois personnes seulement répondent à l'appel.

Les estomacs solides, deux Allemands et un indigène de Naplouse, s'approchent des tables; ils s'installent en dessous de moi ; je puis les distinguer sans être vue.

Peu à peu la conversation s'anime... On parle religion : je conclus que mon voisin est un ministre protestant de Berlin ; ses compagnons le respectent.

Tout à coup, s'adressant en mauvais français au Naplousien, il s'écrie avec inquiétude : « Mais on parle beaucoup le français, par ici. — Oui, répond l'indigène, mais à Beyrouth encore davantage ; il n'y a pas dix personnes sur cent qui ne le parlent pas. — Ah! » répond le ministre, devenu tout à coup songeur et mécontent.

Et, dans mon petit coin, je me réjouis : la France vient de gagner un avantage sur le patriote d'outre-Rhin !

Fixant mes regards sur les nuages dorés qui plongent au loin dans la mer, je revois en esprit la France, et je lui demande quels sont ceux de ses enfants qui répandent partout son nom, la faisant aimer, connaître et respecter.

Pourquoi nos gouvernants s'acharnent-ils à détruire la *source* féconde de ces vrais patriotes, à qui la France doit tant ?

Pourquoi toutes ces entraves, ces embûches dressées contre les âmes qui, volontairement, demandent une vie de dévouement et d'abnégation ?

Pourquoi ruiner et désorganiser ces pépinières de martyrs, qui partiraient, avec le nom du CHRIST, le nom et l'image de la France gravés sur leur personne et sur leurs lèvres ?

A Beyrouth, les deux tiers de la population sont élevés dans nos établissements français et religieux.

Ah ! si tous les Français pouvaient se rendre compte de ce qui se passe en Orient, s'ils savaient que notre influence dans ces contrées est presque exclusivement due au zèle de nos missionnaires, ils ne pourraient pas sciemment, et ils ne voudraient pas, laisser ainsi persécuter et avilir nos prêtres et nos religieux.

Chapitre vingt-septième.

CAÏPHA. — LE MONT-CARMEL.

Jeudi 18.

MINUIT ! L'ancre est jetée, le frôlement des barques, les cris des pionniers résonnent seuls dans la nuit. Un phare, de faibles lueurs au loin, dessinent la côte de l'ancienne Sycaminum des écrivains gréco-romains, de Haïfa en bas du mont Carmel.

A la hâte nous réunissons sacs, couvertures, et montons sur le pont. M. Bertrand, venu à notre rencontre, a déjà rejoint Mme Chaize et Marie-Louise ; il fait avancer la barque.

Nous descendons l'échelle mouvante ; Magdeleine glisse sur la corde ; le cawass heureusement la retient en arrière !... Tremblante d'émotion je la reçois dans mes bras, et, l'une près de l'autre, nous suivons la marche de la nacelle.

La mer est calme, la lune pâle laisse tomber du ciel ses perles de blancheur, nous frôlons légèrement les vagues qui sommeillent.

La terre ! enfin nous touchons le rivage... le janissaire, la torche en main, éclaire nos pas... ; le fourreau de son long sabre, frappant le sol, fait résonner les pavés irréguliers de la ville qui dort.

M. Bertrand ne se lasse pas d'entendre les incidents du voyage. Marie-Louise et moi parlons avec tant d'animation que nous ne voyons pas la petite porte brune où nous devons nous arrêter.

Il faut se séparer. A demain : bonsoir..., bonsoir...

Une Sœur converse ouvre la porte : « Chut ! chut ! Tout le monde repose... » Quelle obscurité !

A pas de loup nous gagnons notre retraite. Entre deux « chut ! », le bouillon chaud, envoyé si aimablement par Mme Bertrand, est accepté avec plaisir.

Le silence se fait de plus en plus absolu ; il gagne nos rideaux blancs... L'une près de l'autre, déjà nous sommeillons.

Vendredi, 19 avril. Samedi, 20.

Le docteur Ibrahim nous a condamnées au repos ; c'est dans une petite chambre isolée, dans un jardin luxuriant, aux parfums de girofle, que ces journées s'écoulent ; nous réparons les fatigues du pèlerinage, et recevons les bienfaisantes visites de Mmes T. et Franceska.

Dimanche, 21.

Messe au Carmel. — Simon-Stock, le célèbre cénobite, le confident de la Vierge, l'hôte du Carmel, vivait au XIIIe siècle. Fils d'un pauvre paysan de la Grande-Bretagne, il naquit au comté de Kent. Simon, devenu Carme, fut envoyé en Orient. Il resta six ans en Palestine, fut nommé général de l'Ordre, et revint en Occident où il institua l'Archiconfrérie du Scapulaire du Mont-Carmel. « Reçois, » mon fils, lui avait dit la Vierge, ce scapulaire de ton » Ordre comme le signe distinctif de ma confrérie et la » marque d'un glorieux privilège. Celui qui mourra revêtu » de cet habit sera préservé des flammes éternelles. C'est un » signe de salut ; c'est le gage d'une protection spéciale » jusqu'à la fin des siècles. »

Le Reine du Ciel se plut à être honorée sur la sainte Montagne. De tous temps, les grottes du Mont-Carmel furent peuplées de solitaires ; ils vivaient là de la vie cénobitique, mais sans règle commune.

Ce fut un moine français, saint Berthold, qui, au XIIe siècle, sur une révélation du prophète Elie, organisa au Carmel la première communauté.

Aujourd'hui, le nouveau monastère, élevé avec les sommes quêtées sou par sou par un pauvre Carme, reste debout malgré les tracasseries des pachas turcs. Son existence est une sorte de miracle... Semblable à une citadelle posée entre la terre et les cieux, le couvent des Pères Carmes est le rempart des chrétiens d'Orient, leur bouclier, leur planche de salut.

Ces religieux pénitents, sentinelles de l'Église, s'offrent incessamment comme victimes pour obtenir aide et secours en Terre Sainte contre les tyrannies de l'Islam.

C'est vraiment une forteresse, c'est la citadelle de Marie Immaculée, ce grand couvent du Mont-Carmel. Il faut trois quarts d'heure pour l'atteindre, en partant de Caïpha.

A sept heures, précédées d'un cawass, nous arrivons dans la cour du consulat. Trois montures nous sont préparées. M. Bertrand eut l'amabilité d'assister au départ... Brandissant les cravaches, la caravane s'ébranle. Le grand âne noir du docteur, confié à Marie-Louise, ouvre la marche... Le pauvre animal est rhumatisant, et traîne la jambe d'une douloureuse façon... Nos minuscules baudets le suivent au petit trot... Si je n'avais pas la crainte incessante d'écraser le pauvre Cadichon, tout serait bien. Un cawass et un drogman nous suivent, fermant la marche.

Nous traversons d'abord la riche et prospère colonie allemande, faubourg de Caïpha. Le nombre de ces Wurtembergeois s'accroît toujours. Ils sont plus de deux mille aujourd'hui. Les premiers colons sont venus là en 1870 pour se soustraire au service militaire.

Nous nous engageons dans le sentier pierreux, ombragé çà et là d'oliviers et de caroubiers. Tandis que nous montons, l'horizon s'agrandit, la vue devient toujours plus imposante.

La montagne du Carmel est couverte d'arbrisseaux en fleurs; des plantes diverses y croissent sans culture : la sauge, l'hysope, la lavande, se joignent à l'hyacinthe, au lis, aux anémones et à la tulipe.

Ces monts du Carmel, toujours verdoyants, forment en Palestine une exception remarquable. L'Evangile fait plusieurs fois mention de cette prospérité étonnante : « Salomon ne trouve pas d'image plus noble que celle de cette montagne pour exprimer la beauté de l'Epouse des cantiques. « Votre tête, lui dit-il, est semblable au Carmel. » Lorsque Isaïe veut prophétiser la splendeur future de l'Eglise de Jésus-Christ, il la résume en ces mots : « La gloire du Liban et la beauté du Carmel lui seront données. »

Nous atteignons la cime de la sainte Montagne. Le R. P. Brocart, religieux français, nous accueille avec une grande bonté et nous invite à entrer dans la petite chapelle où il va célébrer le Saint Sacrifice de la messe. Trois prie-Dieu sont préparés devant la grotte ; nous y prenons place tandis que l'orgue des Pères fait entendre des accords vibrants. La messe commence, nous avons le bonheur de communier.

Nous descendons dans la grotte de saint Elie et vénérons l'étroit asile habité par le premier des anachorètes, ainsi qu'une vieille image en bois sculpté représentant le prophète en extase devant la Vierge qui lui apparaît en une nuée.

Les indigènes, y compris les musulmans, ont une profonde vénération pour la sainte Grotte. Ils craignent le prophète, le disent vivant et par cela même très dangereux.

Cette caverne sombre nous pénètre d'un grand respect, mais nous ne sentons point cet attrait doux et profond qui pénètre l'âme et engendre la ferveur.

Deux Syriennes se sont jointes à notre groupe. Le R. P. Brocart nous conduit toutes ensemble dans une vaste salle au premier étage. Une table chargée de différents mets a été préparée. Lait, café, fromage à la crème, pain grillé et beurre, rien ne manque à ce repas matinal. Nous y faisons grandement honneur.

Le R. P. Supérieur, moine italien, nous fait visiter ensuite les chambres habitées souvent par de très hauts personnages, mais, hélas! il nous est impossible de demander plus d'explications, car le Père ne comprend pas le français.

Nous visitons les dépendances du couvent. Voici l'ermitage dédié à sainte Thérèse. Le cimetière l'entoure. Nous contemplons une de ces tombes sans épitaphe, sans nom, où rien ne peut faire soupçonner la grande âme qui anima le corps disparu. Je compare cette mort et cette tombe à celle du philosophe athée, philosophe qui n'emprunte que le nom au sage.... Celui-là seul est vraiment sage qui meurt saluant sa dernière heure comme celle de la délivrance, et couronnant sa vie de labeurs et de sacrifices par « l'Hosanna éternel ! ! »

En parcourant ces pentes solitaires où Pythagore, seul avec ses pensées, se plaisait à les méditer et à les creuser avant de les communiquer aux Grecs, nous atteignons le monument élevé à la mémoire des soldats de Napoléon morts en 1793.

Lors du siège d'Acre, les bâtiments du Carmel servirent de lazaret aux Français. Après le départ des troupes, les Turcs fanatiques massacrèrent les blessés. Les religieux ensevelirent les corps sous cette pyramide construite sur la façade du couvent.

Malgré un vent terrible nous montons sur la terrasse. L'horizon est limité par la mer de trois côtés. On voit se détacher au nord le cap Blanc, Acre et ses longs minarets ; sur la côte s'étend Caïpha. Dans le lointain, nous apercevons les crêtes brumeuses des plus hauts monts de la Samarie et de la Judée.

Après avoir admiré et contemplé l'immensité et la majesté des flots bleus au-dessus desquels plane l'azur des cieux, et dans lesquels se jouent les premiers rayons du jour, nous jetons les yeux sur une pauvre petite niche adossée sur l'extrémité de la pente basse du mont. C'est l'humble demeure de saint Simon Stock.

L'heure du départ est arrivée. Sur le lourd registre qui

contient les signatures de tous les visiteurs de la sainte Montagne, nous inscrivons nos noms. Le Père Brocart nous adressa ensuite ces vers si aimables et si gracieux :

Hirondelles de France, votre arrêt parmi nous,
    Est, hélas ! de courte durée.
Il m'était doux pourtant de respirer en vous
    L'air de la patrie adorée.
Je dois me résigner à vous laisser partir
    Pour notre chère et douce France.
Partez donc, mais sachez qu'en moi le souvenir
    Est fort, et résiste à l'absence.

Les écuyères montées sur leurs faibles ânons descendent la colline, soupirant après ces hauteurs qui gardent pour toujours quelque chose de leur cœur.

A midi, nous avons le plaisir de déjeuner au consulat avec la famille Bertrand. Il nous fut donné d'aimer et d'admirer le dévouement de notre chère compagne. Marie-Louise est véritablement l'ange du foyer, veillant sur ses plus jeunes frères, commandant avec dignité et justice aux nombreux serviteurs de la maison.

Dans la cour, deux ravissantes gazelles bondissent légèrement. Elles viennent immédiatement à nous. Leurs membres souples et délicats, leur tête fine, font de ces jolis quadrupèdes les animaux les plus gracieux.

Trop tôt, hélas ! il fallut prendre congé de nos hôtes et songer au départ du lendemain... Dans vingt-quatre heures nous serons à Nazareth !

Chapitre vingt-huitième.

EN ROUTE ! NAZARETH !

Lundi, 22 avril.

NAZARETH ! Ce nom seul fait battre nos cœurs. Nazareth, ville des fleurs ; Nazareth, séjour du CHRIST pendant trente ans ; Nazareth, Nazareth, cité choisie, cité bénie ; nous allons à Nazareth !

A midi, la cloche de l'*Angelus* retentit. Mères et enfants se dirigent vers la porte clôturale... Après un moment d'anxiété, pendant lequel nous eûmes beaucoup de peine à rassembler les nombreux paquets, on s'unit dans une chaleureuse étreinte... Les adieux se mêlent aux solennels prenez garde, un regard ici, un sourire là ; la porte roule sur les gonds. Adieu ! adieu !

Il s'agit d'escalader le véhicule : sorte de char à bancs, perché sur des roues gigantesques... Enfin, tout y est !...

En avant s'établit majestueusement notre conducteur avec un burnous rayé blanc et brun ; à ses côtés se tient une timide orpheline, un petit paquet sur les genoux. Sur la seconde banquette, Mme Cognat et moi surgissons, noyées sous les nombreux colis. En arrière, Mathilde et une seconde orpheline s'appuient sur les valises, qui servent de quatrième banquette.

Les chevaux, faibles esquisses de Rossinante, sont harnachés avec d'anciennes courroies, rattachées par des bouts de chanvre. Deux cordes servent de guides.

Le carrosse s'ébranle... ; la décharge d'un régiment d'artillerie ne ferait pas plus de tapage. Un curieux effet de tangage et de roulis se produit instantanément... ; les pavés inégaux de Caïpha sont pour quelque chose dans ces secousses.

Les maisons blanches et grises ont disparu ; la mer ne chante plus pour nous son éternel refrain ; nous nous enfonçons dans les plaines de la Galilée. Le chemin côtoie le torrent du Cison ; à droite s'élèvent les monts verdoyants du Carmel.

Nous traversons bientôt un petit pont, et admirons l'eau vive et transparente qui, en une pluie de perles, coule entre deux roches. C'est une des sources du Cison.

Des femmes se glissent parmi les arbres d'un champ d'oliviers, retenant sur leur tête de lourds chaudrons remplis de lait. C'est ainsi qu'elles vont faire leur commerce à Caïpha, transportant elles-mêmes leur marchandise.

Les bras en avant, nous nous cramponnons au dossier des banquettes ; il n'y a plus qu'un semblant de chemin ; c'est un cahot perpétuel ! Les chevaux descendent une sorte de fossé, et, maintenant, nous sommes au milieu de l'eau. C'est le Cison qu'il faut traverser. Nos bêtes connaissent leur affaire et clapotent dans l'eau avec bonheur. Le cou allongé, l'œil fixe, elles boivent à longs traits. Le Galiléen retire ses babouches, relève son large pantalon, déjà fort court, saute dans la rivière, puis, d'un coup de cravache bien appliqué, il réveille l'équipage. Au cri de « Yallah », il tire en avant ses montures qui gravissent la pente dure et glissante avec une peine inouïe.

Nous traversons de longues plaines, très fertiles. Dans ces contrées, la terre ne demande qu'à être soulevée pour rendre au centuple ce qu'on lui a donné.

Nous saluons avec joie les petits bois de chênes verts, et caressons leurs feuilles ; nous sommes ravies de rencontrer un arbre qui rappelle ceux de France.

« Semoûniyé..., Semoûniyé. »

La voiture s'arrête et tout le monde descend. Ce village, presque entièrement abandonné, fut autrefois la première colonie des Templiers allemands en Palestine.

Un peu à l'écart de la route, au pied d'une source claire et abondante qui sort du rocher pour arroser les racines d'un magnifique saule-pleureur, nous nous reposons des heures fatigantes de ce pénible trajet.

Bêtes et gens se réconfortent avec les provisions de route. A peine sommes-nous installées, qu'un de ces chiens d'Orient, à poil fauve, sans maître, affamé, s'approche et vient demander sa part de pain. Nous l'accueillons charitablement, et, quelques instants après, nous sommes entourées de ses frères, qui, arrivés par petits groupes, sont maintenant au nombre de quinze.

De plus, cinq ou six indigènes s'accroupissent auprès de la source et semblent nous dire : « Volontiers l'on partagerait avec vous. »

Les Arabes ne doutent pas des dispositions fraternelles des Européens. Ils sont trop fiers pour demander, et attendent le signal d'usage, le « Faddal », Faites honneur! Si vous ne le prononcez pas, ils vous jettent un regard de dédain et égrènent le chapelet des 99 attributs, plus vivement qu'à l'ordinaire.

Or, nous sommes de pauvres voyageurs, réduits aux minces provisions apportées de bien loin, et dans un pays dénué de toute ressource. Nous n'avons ni les moyens, ni l'envie de partager.

Nos hôtes devenant trop nombreux, nous donnons le signal du départ et montons en voiture.

Une troupe d'enfants, vêtus de tuniques déguenillées, nous suivent en criant : « Bakchiche, bakchiche. »

Le chemin devient très pénible. Une des nôtres saisit les rênes, espérant obtenir un meilleur résultat ; nous sommes tout aussi cahotées.

La pente est raide ; enfin nous atteignons « Moudjeidil ». Bientôt, la route fait un coude, et nous apercevons le point de vue le plus pittoresque du chemin de Nazareth.

Naïm s'étage au loin sur une hauteur ; en face se dresse la cime du Thabor ; en bas, s'étend comme une profondeur de lac l'immense plaine d'Esdrelon.

En avant apparaît le Mont du Précipice ; dans une heure, nous serons à Nazareth.

NAZARETH.

L'équipage suit un plateau ondulé. Nous passons devant

la jolie bourgade de Yâfa. La tradition fait de ce lieu la patrie de Zébédée et de ses fils Jacques et Jean.

Enfin, après une courte montée, Nazareth se découvre dans le fond d'une gorge, et tout à fait à l'improviste.

Son aspect est riant, plein de fraîcheur et de poésie. Les maisons blanches et roses, carrées et à plates-formes, s'étagent gracieusement en hémicycle sur la pente d'une colline, qui vient mourir sur une vallée fleurie, où croissent, parmi le blé et les vignes, le figuier, l'amandier, le grenadier, le laurier, le nopal au feuillage vert, et quelque chose de sombre : le cyprès.

Je défie de trouver ailleurs un petit coin de la terre étrangère où tout le monde se retrouve ainsi comme en sa patrie.

Nazareth ! Nazareth ! oui, tu es vraiment le pays du CHRIST ; comme le cœur du bon Maître, tu te donnes entièrement avec ta grâce et ta beauté au pèlerin qui te cherche.

Tu étanches sa soif et rassasie sa faim, tu le consoles et le fortifies dans sa course longue et fatigante ! Nazareth ! sois mille fois bénie, toi dont la vue m'enthousiasme et me fait entrevoir et comprendre, autant qu'il se peut ici-bas, le mystère le plus grand et le plus incompréhensible : celui de la vie humble et cachée du CHRIST !

Il est six heures du soir. Tout est en mouvement dans la bourgade nazaréenne. Un porte-faix se charge de nos colis ; il nous précède, gravissant l'étroite ruelle.

Au premier trébuchement de la cognée, la petite porte s'ouvre.

On nous attend à l'orphelinat.

Deux enfants saisissent les paquets et nous conduisent à travers la cour, dans la chambre qui nous est destinée.

Cette chambre fait partie d'une bicoque, dépendance de la maison, qui devra tomber et faire place à une chapelle, dès l'arrivée du premier firman.

L'installation est primitive. Sur la terre nue : deux lits, une table, deux chaises. Mais qui ne serait pas satisfait de cela quand, à travers la petite fenêtre aux volets verts, le regard repose sur les vallons de Nazareth, sanctifiés par le séjour de l'homme-DIEU ?

Bercées par de doux rêves, nous nous endormons songeant aux joies du lendemain.

Mardi, 23 avril.

Sainte Hélène fit élever la première basilique au-dessus de la grotte de l'Annonciation. En 1730, les Franciscains demandèrent l'autorisation de reconstruire l'édifice. Le sultan n'accorda qu'une permission de six mois pendant le pèlerinage de La Mecque. On n'eut pas le temps de rechercher les fondements primitifs ; ceci explique comment cette église, élevée à la hâte, est si imparfaite.

LA GROTTE DE L'ANNONCIATION.

Au-dessous du maître-autel est la crypte qui se compose : 1° d'un *vestibule* appelé chapelle de l'Ange, où devait être autrefois la Casa Santa, soustraite par les anges aux profanations des musulmans ; 2° de la grotte ou chapelle de l'Annonciation, considérée comme étant le lieu où la Vierge Marie reçut la visite de l'ange Gabriel. C'est dans cette chapelle que nous descendons ce matin pour entendre la messe.

Nous sommes très profondément émues en pénétrant dans cette grotte mystérieuse. Osant à peine croire à cette insigne faveur, nous baisons avec émotion la plaque de marbre. Les lampes vacillantes font jouer les lettres rouges : « *Hic Verbum Caro factum est.* »

Après avoir eu le bonheur de communier dans la sainte Chapelle, nous retournons au couvent.

Ces Dames nous font visiter toute la maison. Le Père Gabriel, aumônier de l'orphelinat, envoie le Frère Jean, avec lequel nous allons parcourir la sainte bourgade.

Nous pénétrons d'abord dans l'Atelier de saint Joseph, aujourd'hui converti en chapelle, où l'Enfant JÉSUS dut se livrer souvent aux labeurs du travail manuel.

Le sanctuaire que nous préférons, après celui de l'Annonciation, est la « Mensa Christi ». Cet oratoire renferme un bloc de pierre arrondi en forme de table ; sur cette pierre, appelée Table du CHRIST, Notre-Seigneur aurait pris un repas avec ses disciples, après la Résurrection. Cette croyance n'est pas de foi ; mais il est très probable que Notre-Seigneur réunit parfois, en ce lieu, ses amis fidèles.

Le front appuyé sur cette pierre, nous aimons à prier, contemplant les sublimes personnages de cette magnifique scène. JÉSUS se tenait là. Quelle douceur infinie dans ce regard ! quel port majestueux, affectueux pour tous ! Il est néanmoins plein de dignité, et ne profère que des paroles justes et utiles.

Pierre est à sa droite, pénétré de respect pour le Maître. Il veille à ce que rien ne lui manque, et se fait un peu craindre des disciples importuns. Je cherche une place pour Jean, bien près du Maître aimé. Dans le creux du rocher, il me semble qu'il pouvait facilement élever son tendre regard vers JÉSUS qui lit dans les cœurs, et poser sa tête virginale sur les genoux de l'Homme-DIEU.

Nicodème, le fils de Simon, Jean, Marc, Lazare se tiennent un peu à l'écart, n'osant adresser trop souvent la parole au Seigneur. Mais ils ne cessent de redire entre eux l'admiration que leur inspirent sa personne, sa sagesse et ses discours. Quelle gravité, quelle douceur, quelle pénétration, quelle simplicité ! On ne peut le regarder en face, il semble qu'il puisse lire les pensées de chacun ! Et c'est là le fils du pauvre charpentier ! c'est le Galiléen !

Passant dans l'église des Grecs unis, nous entrons dans l'ancienne synagogue, où le Sauveur vint souvent instruire le peuple.

Expliquant un jour un passage des prophéties d'Isaïe, et démontrant qu'il était le Fils de DIEU, il fut brusquement chassé de ce lieu et poursuivi jusqu'au sommet d'un rocher d'où les Juifs voulurent le précipiter. Mais JÉSUS, se rendant invisible, se retira dans le désert.

Ce rocher dont parle la tradition est, selon les Nazaréens, « *le Lieu du Précipice* » ; nous en parlerons tout à l'heure.

Suivons maintenant la belle Nazaréenne. Le front haut, la démarche assurée, elle soutient d'une main l'amphore dressée sur son épaule ; de l'autre, couverte d'anneaux, elle retient un long voile. Dans ce regard velouté, ombragé par d'épais sourcils bruns, se lisent la franchise et la gaîté. Elle se rend à la fontaine. Auprès de là s'élève l'église des schismatiques, qui recouvre la source de cette fontaine ; l'Enfant JÉSUS et sa Mère durent y venir bien souvent.

Sous une petite voûte, tout au fond de cette église, on entend le murmure de l'eau. Selon la tradition, l'archange Gabriel serait apparu ici une première fois à la Vierge Marie pour lui annoncer qu'elle serait Mère de DIEU.

L'heure de midi approche, nous retournons sur nos pas... la fontaine est encombrée de femmes et de jeunes filles qui s'en viennent en chantant. Nous contemplons quelques instants ce gracieux tableau, toujours le même depuis dix-neuf siècles.

Mardi après-midi.

Le Frère Jean nous accompagne au « Trémord » ou colline de l'Effroi. Remplie d'angoisse, brisée de fatigue, la Vierge s'arrêta ici, suivant du regard son Fils que les Juifs scandalisés voulaient précipiter du haut de la montagne.

Un pieux oratoire rappelle l'émouvant souvenir.

Le Frère Jean retourne à Casa-Nuova. Désireuses de

parcourir plus longuement les coteaux de Nazareth, nous escaladons la montagne accompagnées de deux orphelines.

Tout est enchanteur ici : le ciel est toujours pur, la vue a des horizons grandioses,le sol constamment émaillé de fleurs a des reflets multiples. O Nazareth ! « Fleur de l'Orient », béni soit ton nom symbolique.

Courant de rocher en rocher, de sentier en sentier, nous arpentons joyeusement ces hauteurs. Quelque chose de divin anime ces vallons où l'on retrouve partout l'empreinte de l'Homme-DIEU.

Dans ce siècle bouillonnant, le fait du CHRIST demeurant trente années consécutives, pauvre et caché, dans une même bourgade, est un grand exemple et une grave leçon.

Après trois quarts d'heure de marche, nous nous reposons et contemplons un superbe panorama : la mer en une ligne bleue se dessine au loin. En avant, Saphoris, patrie de saint Anne et de saint Joachim ; à droite, Cana et Reïné se détachent avec peine dans l'ombre des collines.

Cette étendue, ce silence, cette solitude, tout cela dans un muet langage parle éloquemment à nos cœurs.

Chapitre vingt-neuvième.

DE NAZARETH A CANA. — LE MONT THABOR.

Mardi 24 avril.

Ce matin, nous visitons l'école. Les orphelines sont très bien élevées. Elles font grandement honneur aux mères qui les dirigent.

A deux heures et demie du soir, nous faisons le choix de nos montures et quittons Nazareth pour nous rendre à Cana. Les chemins sont accidentés; néanmoins le trajet peut se faire en une heure et demie. Les ânes, quoique faibles d'apparence, marchent vite. Nous nous plaisons à faire parler notre drogman, Joseph, qui se croit l'homme le plus savant du monde : il sait quelques mots d'anglais et plusieurs expressions françaises. Tantôt à pied, tantôt à cheval, il pousse sa monture chargée des bagages.

Voici « Kefr-Reïné » ; plus loin « El-Mesched », où l'on vénère dans une mosquée le tombeau du prophète Jonas.

Nous nous préparons à descendre la côte qui précède Cana... Tout à coup une vaillante pèlerine, précédée d'un drogman à cheval, surgit à l'horizon. Du plus loin qu'elle nous aperçoit : « Ah ! bonjour, chères dames de Nazareth, s'écrie-t-elle ; voulez-vous des nouvelles de votre Mère Deschamps? je viens de la voir à Rome... Comment va votre Mère Allibe ? Je vais voir la Mère supérieure à Nazareth. »

Et, avant que nous ayons pu placer un mot dans ce flot de paroles, les voyageurs ont disparu... Nous restons stupéfaites, ayant bien envie de rire. Qui est-elle ? d'où vient-elle ? — Enigmes impossibles à résoudre jusqu'au jour où il nous sera donné de reconnaître en Mme S. G. l'étrangère de Cana.

Les premières terrasses du hameau apparaissent humblement voilées dans un bouquet de grenadiers. Une longue file de Cananéennes, l'urne penchée sur la tête, viennent puiser de l'eau à la fontaine. Le tableau du premier miracle du Sauveur semble se dévoiler à nous dans sa simplicité touchante. Ce sont, en effet, les mêmes mœurs, les mêmes urnes, et dans la même source, peut-être, fut puisée l'eau du repas.

Les Pères Franciscains sont ici encore les gardiens du sanctuaire.

Frappant à Casa-Nuova, nous sommes reçues par le Frère Egidius, seul représentant de la communauté... Après nous avoir fait goûter au vin de Cana, le Frère nous conduit à la chapelle, construite sur l'emplacement même de la salle des noces.

C'est avec vénération que nous traversons ses ruelles, où l'officier de Capharnaüm vint demander la guérison de son fils, et pénétrons dans l'oratoire, habitation de Nathanaël qui devint l'apôtre Barthélemy. Dans l'église grecque-schismatique, deux urnes gigantesques servent de bénitiers ; les trop crédules les prennent facilement pour celles que le premier miracle de JÉSUS immortalisa. Au dire de la tradition, Paris, Angers, le palais de l'Escurial, Cölm, Göttliegen, Hildesheim possèdent les fragments des véritables urnes.

Il est cinq heures du soir. Le jour tombe ; un vent pluvieux s'élève ; nous rentrons au monastère, et chacun de prendre possession de sa cellule. La nôtre est vaste et claire. Nous constatons l'absence de tout mobilier ; les lits devront nous servir de table, de chaises, de porte-manteaux. A six heures nous soupons gaîment. Chacune conte son anecdote ; puis, nous nous efforçons de trouver dans un sommeil réparateur les forces nécessaires pour l'excursion du lendemain.

Jeudi 25 avril.

Trois heures du matin ! La cloche retentit vibrante,

impérieuse. Le Frère Egidius arpente les cloîtres d'un pas lourd ; néanmoins personne ne bouge dans la chambre numéro 1.

A quatre heures, on nous prévient que les montures sont prêtes. Dans une terrible presse, les retardataires, pliant valises et couvertures, se préparent péniblement à répondre aux multiples appels.

La nuit n'a pas levé son voile ; la pluie tombe fine et serrée ; les montures avancent lentement en file indienne ; les ombres des dernières huttes se sont perdues dans la vallée ; Cana a disparu.

Le chemin devient pierreux, glissant ; les ânes vont, descendant et montant ; tantôt il leur faut escalader des roches nues, tantôt descendre des pentes arides. Nous courbant en avant, puis en arrière, nous allons silencieuses, demandant parfois au moukre si l'on n'arrivera pas bientôt.

Après trois heures de marche parmi d'âpres sentiers, une superbe montagne aux contours arrondis, s'élevant isolée dans l'infini de la plaine, nous apparaît enfin.

C'est le Thabor, dans toute la splendeur de sa juste renommée.

Nos ânons escaladent la hauteur, grimpant péniblement à travers les quartiers de roche, qui font de la montagne une vaste carrière. Nous circulons parmi les chênes verts, l'abgahr, jeune arbrisseau dont les graines feront des chapelets, le lentic, dont parle l'Evangile. Mais, bientôt, toute végétation cesse, et nous atteignons le plateau. Il était temps ; nos membres trempés commençaient à s'engourdir ; notre lassitude était extrême.

Heureusement, nous trouvâmes en arrivant un bienfaisant brasero et parvînmes à nous réchauffer.

Ils sont deux, au couvent du Thabor : un Père et un Frère ; on leur avait annoncé la veille notre arrivée ; ils nous ont attendues pour célébrer la messe.

Sainte Hélène avait fait construire trois églises sur la montagne sainte : l'une pour rappeler le mystère lui-même, les deux autres en l'honneur de Moïse et d'Elie. Les Bénédictins de Cluny s'y installèrent, mais ils furent égorgés par les Sarrasins. En 1209, les Turcs rasèrent les constructions.

Ces ruines n'ont pas été relevées, et, aujourd'hui, la cime du Thabor n'est plus qu'un monceau de pierres. Secouant les décombres, le pèlerin fouille, creuse, et parvient à trouver, quelquefois, une mosaïque, une parcelle de marbre, qu'il emporte et garde précieusement comme quelque chose de saint.

Seule, « Casa-Nuova » et sa pieuse chapelle, perdues et comme noyées dans cette immense solitude, rappellent la vie dans ce désert. Un peu plus loin aussi, les Grecs orthodoxes ont élevé une demeure pour leurs moines et une chapelle près des ruines de la basilique d'Elie.

Huit heures du matin. Agenouillées sur les bancs en bois de l'oratoire latin, nous prions, élevant nos âmes et nos cœurs vers l'Hôte Tout-Puissant de cette contrée lointaine.

Le Frère Lazare assiste son supérieur au pied de l'autel. Les bras en croix, le visage pâli par d'austères veilles, tout pénétré de sa vie solitaire, il prie. Il prie, et avec quelle foi, quel calme, quelle ardeur !

Egrenant nos rosaires, nous demandons à Dieu de nous pénétrer, nous aussi, de généreux sentiments, de graver à jamais dans nos cœurs les splendeurs qui nous environnent et qui parlent si éloquemment de Lui : le Tout-Puissant, l'Unique.

Le temps s'est éclairci ; le soleil, peu à peu, montre ses rayons ; les nuages brillants répandent une lueur douce, un demi-jour doré enveloppe la nature. Nous avons hâte de nous trouver au lieu même de la Transfiguration, et, traversant les ruines, nous gagnons l'extrémité du plateau, et nous nous agenouillons sur un tertre de fleurs.

Il fait bon s'arrêter au sommet du Thabor : tout parle au cœur du pèlerin. Cette contrée tout entière est parsemée des souvenirs de la vie de Jésus.

En avant, c'est le lac de Tibériade, aux nuances bleu foncé, et les croupes argentées des monts de Moab, si grandioses et si artistement découpées ; là, ce sont les eaux du Jourdain, la chaîne du Carmel. De l'autre côté, c'est Capharnaüm, Magdala, le Mont des Béatitudes, et, très loin, dans la brume, les cimes neigeuses du Grand Hermon. En arrière, Naïm.

A nos pieds se déroule l'immense plaine d'Esdrelon, qui garde le souvenir des clameurs de guerre entendues à toutes les époques, des galops de cavalerie, du choc des armures ; enfin, de tant de combats, depuis celui de Gédéon contre les Madianites jusqu'à la fameuse bataille du 16 avril 1799. La division de Kléber se défendait seule contre l'armée turque. Nos vaillants soldats se font un rempart d'hommes et de chevaux, ils résistent pendant six heures contre leurs adversaires, aussi nombreux, certifiaient les habitants, que les étoiles du ciel et les sables de la mer. Mais, « le lion » débouche du mont, il sauve la division Kléber en hachant l'armée turque.

Appuyées contre un débris d'ogive, nous restons là longtemps, méditant, contemplant, le cœur plein d'enthousiasme, de reconnaissance et d'amour.

A deux heures, un flot de pèlerins russes arrive à l'improviste ; un prêtre à longs cheveux leur fait baiser la croix, et leur remet à tous une gerbe de fleurs. Ils circulent à travers les débris de chapelles, les pierres d'autel, baissant et fouillant. Réunis par groupes, ils chantent et ils prient avec une ardeur et une foi qui nous ont profondément touchées.

Plusieurs sont venus à pied de Jérusalem ; bien que brisés de fatigue, ils paraissent heureux ; plusieurs, le sourire sur les lèvres, sont étendus dans les chemins, n'ayant plus la force de faire un mouvement.

Nous entrons dans l'église orthodoxe !... Quel spectacle s'offre à nos yeux ! Par terre, sur la dalle humide, ce n'est plus qu'un amas de choses informes et de groupements bizarres. Côte à côte, couchés, de pauvres Russes sommeillent ;

ils demandent au sanctuaire un peu de repos, tant leur lassitude est grande.

Deux fois encore nous retournons au lieu de la Transfiguration, admirant et priant. Ce Thabor a quelque chose d'attirant. « Qu'il ferait bon, Seigneur, de demeurer ici ! »

Il ne nous sera pas permis non plus d'y dresser nos tentes ; à quatre heures, il fallut songer au départ et plier bagage.

Encore un dernier regard jeté aux alentours, encore une prière, et déjà nous descendons la pente abrupte et rocailleuse du mont.

Les baudets nous précèdent ; le Frère Lazare nous accompagne jusqu'à mi-côte. Nous le prions de nous raconter son histoire. Soldat de la Garde à Paris, sous la Commune, il entendit le canon et le sifflement des balles. Il entra dans l'Ordre de Saint-François. Les savanes de l'Amérique ont vu sa robe de bure ; le Thabor le possède maintenant : où sera-t-il demain ? il ne s'en inquiète nullement... ; il possède la joie d'un cœur dont DIEU seul est le Tout.

Les chemins sont meilleurs, et Cadichon sait bien qu'il retourne en sa cabane ; nous allons vite...

Adieu ! « Mah Salamé ! » Thabor ! « Mah Salamé ! » mille fois nos regards s'attachent aux pentes du mont sublime qu'il faut laisser en arrière et qui s'éloigne peu à peu... La dernière extrémité de la cime a disparu ; seul, le souvenir du Thabor nous reste ; mais, que ce souvenir est profond !

Longtemps encore l'aigle brun, dont nous nous sommes plu à contempler le royal nid, penché au-dessus de l'abîme, dans le creux du rocher, plane au-dessus de la montagne ; mais, bientôt, l'écho seul répète son cri. Nous suivons, pensives, l'étroit sentier.

Chapitre trentième.

GROTTE DE L'ANNONCIATION. — LE JARDIN DE L'ORPHELINAT. — DE NAZARETH A CAIPHA.

Vendredi, 26 avril.

Cette journée est la dernière que nous passerons à Nazareth ; pendant les dernières heures nous visiterons une seconde fois nos sanctuaires préférés.

A huit heures, messe à l'Atelier de saint Joseph ; à neuf heures, déjeuner à l'orphelinat, puis, nous descendons en la chapelle de l'Annonciation.

Dans la grotte solitaire, un Frère éteint les derniers cierges ; nous pouvons prier et méditer seules devant Dieu.

Jadis cette grotte s'ouvrait à fleur de terre ; la maison de la Sainte Famille y était adossée. En Orient, ces grottes sont très nombreuses ; des montagnes énormes sont percées de mille cavernes. Les pauvres profitent de ces excavations pour en faire les dépendances de leurs demeures. Ils construisent en avant une sorte de hutte, qui, adossée à la grotte, constitue un logement relativement spacieux et commode.

La Sainte Famille était pauvre : sa demeure fut celle des pauvres.

La bâtisse, en briques rouges, la Santa Casa, est à Lorette, mais la grotte n'a pas été transportée.

Le mystère s'est-il réellement opéré dans la grotte ? Les avis sont partagés. Que ce fût dans la grotte ou dans la Santa Casa, c'est ici que les échos de la terre répétèrent, pour la première fois, l'*Ave Maria* descendu du Ciel.

A gauche de l'autel est un fragment de colonne suspendu à la voûte, vénéré par les musulmans eux-mêmes, car on lui attribue des vertus surnaturelles. L'ange Gabriel se serait tenu à cet endroit lors de l'Annonciation.

Par un étroit passage, nous entrons dans la seconde partie de la sainte grotte. Dans cet espace très sombre, à la lueur d'une torche, nous apercevons l'autel dit « de la Fuite en Egypte », et consacré à saint Joseph.

Par un escalier aux marches raboteuses, creusées dans le roc, nous arrivons de cette excavation dans une autre plus basse et plus petite encore, appelée « Cuisine de la Vierge. »

Nous nous agenouillâmes ; ah ! qu'il fait bon prier ici ! La lueur faible et vacillante du cierge jaune éclaire mal les anfractuosités du roc qui nous entoure. De nos souvenirs des ombres surgissent, qui nous retracent les prodiges dont ces lieux furent témoins.

Elevant les yeux vers la voûte, nous lisons ces mots, gravés sur une plaque de marbre : *Hic erat subditus illis !* Il leur était soumis ! Toute la vie du Seigneur est là ! Soumis à ses parents jusqu'à l'âge de trente ans, il le fut à DIEU jusque dans la mort. Victime, il voulut subir toutes les peines du sacrifice, et pratiquer toute sa vie l'immolation de lui-même.

Après une heure de réflexion et de pieuse méditation, nous nous rendons avec le Frère Jean à la *Mensa Christi*, et puis nous retournons au couvent.

Vendredi (après-midi).

On part de bonne heure ; tout le monde ira de l'orphelinat, à ce grand jardin situé sur la hauteur dominant Nazareth !

Légères et gracieuses dans leurs robes blanches et roses, les enfants courent en avant, cueillant une fleur, cherchant une herbe, car elles connaissent tout sur la montagne.

La communauté, un peu en arrière, suit le joyeux essaim : on parle, on sourit aussi, mais l'intérêt n'est pas le même ; les pensées sont plus graves et la démarche aussi. Ce grand air et toute cette nature ne suffisent pas pour dilater les cœurs...

Mais, si tout à coup vous voyez les plus jeunes s'ébattre et se réjouir, si sur tous les visages un même sourire passe, c'est de la patrie qu'on parle ou d'une maison sœur. Dieu, la France et « Nos Mères », ce sont des souvenirs chers, c'est pour cela que l'on s'use, que l'on prie, que l'on meurt.

Allant d'un groupe à l'autre, nous marchons toutes les deux, quelquefois en avant, quelquefois en arrière ; un soupir, un regard trahit notre pensée.

On arrive au jardin: la porte s'ouvre... les enfants s'élancent à gauche, sous la tonnelle, auprès des citronniers; on organise les jeux.

Nous demandons la représentation de scènes arabes ; c'est un long cri de joie ; les groupes se forment, un arrosoir égaré devient, sous une main exercée, un parfait tam-tam. Les petits bras se lèvent, les mantilles roses s'agitent, les souriants visages gracieusement s'inclinent. Ces petits pas comptés, ces ondulations, cette souplesse, tout cet ensemble d'une danse orientale parfaitement exécutée, donne à ce tableau quelque chose de naïf et de suave, qui enchante et ravit.

Nous assistons à une cérémonie de mariage... ; le couple jardinier a prêté ses vêtements de noces. La fiancée paraît, vêtue d'une longue robe en velours carmin, couverte d'or et de fleurs. Un voile cache son visage ; une couronne de roses orne le front des futurs époux. Dix jeunes filles et dix jeunes gens les précèdent ; le même nombre suit ; ils marchent lentement, par groupes, sautant, criant, frappant des mains avec rythme et mesure.

Arrivés dans la salle de réception, les époux se sont assis et les danses recommencent. Les jeunes filles font ensemble de gracieux quadrilles, puis, tour à tour, elles se produisent devant la mariée, seules, tournant sur elles-mêmes.

La voix d'une Nazaréenne et les sons du tam-tam les accompagnent.

Quand elles ont toutes ainsi dansé, les hommes présents font faire au jeune époux une ronde burlesque ; de leur côté, les femmes s'emparent de la jeune fille et lui lancent des bouquets.

Les futurs s'asseyent encore... ; le jeune homme donne un léger soufflet à son épouse, lève son voile et la cérémonie est terminée.

Voici maintenant un enterrement. Le mort est étendu dans un cercueil rose, découvert ; sa mère en larmes lui soutient la tête et l'évente avec un mouchoir de soie. Deux femmes dansent autour du corps, jetant avec mesure des cris plaintifs, éventant et pleurant. Puis, toute l'assistance se lève, pousse des cris déchirants, exécute une danse fougueuse, sautant sur place, frappant des mains, secouant les doigts.

Tout se calme..., chacun pleure en silence ; seule une voix s'élève qui chante lamentablement, accompagnée du tam-tam.

Bientôt des femmes arrivent ; se jetant aux pieds du mort, elles l'embrassent et éclatent en sanglots....

On l'embaume ; les hommes l'emportent. Les femmes ne vont pas au cimetière ; elles réunissent les derniers vêtements du mort et pleurent sur ces chères dépouilles. Si les enfants sont orphelins, on fait une quête, et tout le monde donne un vêtement ou une pièce d'argent.

Ces cérémonies sont très touchantes... les larmes viennent facilement aux yeux des assistants.

Nos mères donnent le signal du départ ; à l'instant les rangs se forment, et nous quittons ce grand jardin, emportant deux magnifiques citrons.

Sur la hauteur nous admirons encore le panorama de Nazareth, gracieusement étagée sur deux versants parallèles avec ses maisons blanches, ses jardins et ses fleurs.

Ces huttes que nous côtoyons au retour, placardées à l'extérieur du combustible, terre ou fumier, sont les « taboun » ou fours à pain.

Les femmes broient le blé tous les jours pour la ration quotidienne ; à cet effet elles emploient des meules circulaires qui n'ont jamais varié. Ce sont deux pierres s'emboîtant l'une dans l'autre, et que l'on presse en les tournant sur le blé qui s'écrase.

Nazareth compte environ 7500 habitants, deux ou trois mille Grecs schismatiqnes, 1850 musulmans, 1000 Grecs unis, 1350 Latins, 250 Maronites et 200 protestants.

« Rien de bon ne peut sortir de Nazareth, » avait dit Nathanaël à Philippe qui lui annonçait le Messie en JÉSUS, fils de Joseph, le charpentier de Nazareth.

Ce mot était passé en proverbe et Nathanaël parlait comme les pharisiens.

Les Gentils de Nazareth ont gardé le souvenir de cette injure et, depuis la grande dispersion, aucun Juif n'a pu entrer dans la sainte bourgade. S'ils essayaient de revenir, ils seraient immédiatement chassés ou lapidés.

Certaines contrées de l'Europe feraient bien d'adopter cette politique, elles auraient moins à craindre l'effondrement subit de leurs capitaux.

Grâce à l'absence des usuriers, Nazareth est une ville relativement riche. La plupart des habitants se livrent à l'agriculture, à l'élevage du bétail ; certains même exercent différentes industries et font le commerce du coton et des grains.

Les Nazaréens, fellahs ou commerçants, ont tous un air de bonté et de gravité qui inspire la sympathie.

Les femmes, toutes belles et grandes, ont un air de finesse et de volonté. Je croirais volontiers qu'elles dirigent la famille. Leur costume est simple : une longue tunique retenue par une ceinture et un voile jeté sur la tête ; souvent elles se parent les bras et le front de pièces de monnaies. Les petits enfants, aux visages frais et roses, ont des airs candides et des yeux bleus si doux, qu'on les prendrait volontiers pour des anges, ces frères de l'Enfant-JÉSUS !

Samedi 27 avril.

A cinq heures du matin les valises sont bouclées, les couvertures préparées ; nous prions une dernière fois dans la grotte.

Nous quittons avec peine la petite bourgade et cette vue si belle que nous aimions tant à contempler !

Les orphelines, toutes réunies dans la cour, nous baisent la main, selon l'usage. Une dernière fois nous saluons et remercions la Communauté. Màh Salamé ! Màh Salamé ! A DIEU ! A DIEU ! Six heures du matin. En voiture ! Notre cocher a su trouver un chemin meilleur et plus court.

Arrivé au bois de chênes verts, l'équipage s'arrête.

Nous descendons de voiture ; des femmes, la hache sur la tête, le poing sur la hanche, débouchent d'un côté du bois. Pendant quelques instants, ces sauvages bûcheronnes nous examinent attentivement, puis, éclatant de rire, elles s'esquivent, bondissant comme des biches effarouchées.

Des oiseaux aux merveilleux plumages : le merle aux ailes d'azur, l'hirondelle blanche, les moineaux huppés animent tous les buissons... Le chemin de Nazareth est peuplé de créatures qui proclament les louanges du Très-Haut; c'est ainsi qu'on doit se le figurer.

Tout près de Caïpha, en traversant un bois d'oliviers, un ramage idéal se fait entendre. Les chevaux s'arrêtent, et nous jouissons d'un concert délicieux. Quel régiment de rossignols et de fauvettes comporte semblable gazouillement ! Sous un soleil de plomb nous entrons dans la ville. Avec une indicible joie nous retrouvons la Révérende Mère qui préside la récréation de communauté sous de frais ombrages. Nous relatons nos impressions de voyage, et apprenons que demain à minuit nous nous embarquerons pour Beyrouth. Après avoir effleuré les côtes de Syrie, nous aborderons la terre d'Egypte, puis nous saluerons la capitale ottomane.

A quatre heures de l'après-midi, après avoir embrassé

Marie-Louise Bertrand au consulat, nous nous rendons chez un prêtre grec catholique. Notre compagne de route, Faridé Akaoué, désire vivement nous présenter à son oncle.

Cette visite nous a grandement diverties. A peine sommes-nous arrivées que le vicaire se présente. Nous saluant jusqu'à terre, il nous introduit au divan, puis nous invite à prendre place ; quittant ses babouches, il se pose à l'orientale sur les coussins. Egrenant son chapelet d'ambre il nous regarde, et articule de temps à autre quelques mots arabes ; nous répondons par signes et sourires. Enfin l'oncle de Faridé apparaît. Sa longue chevelure encadre une physionomie bienveillante et douce ; il comprend le français, ce qui rend la conversation possible. On nous offre : limonade, café, bonbons de Damas. Nous goûtons à tout, nos hôtes sont très empressés. Refuser quelque chose serait leur faire injure.

Quelques instants après nous visitons l'église ; elle est vaste mais peu ornée. Une image de saint Georges domine le maître-autel. Ce martyre est le premier patron des Grecs et le plus vénéré.

La soirée se passe très agréablement avec nos deux amies. Les heures sont comptées, nous les employons de notre mieux.

Chapitre trente-et-unième.

UNE PRISE DE VOILE AU CARMEL.

RETOUR A BEYROUTH. — EN FÊTE.

Dimanche 28 avril.

A HUIT heures nous nous rendons à la messe paroissiale dans l'église latine. Un Carme, le P. Alexis, célèbre l'office ; après l'évangile, il fit en arabe une courte allocution ; nous eûmes le malheur de n'y rien comprendre, mais ses yeux de feu nous dirent assez quel zèle brûlant dévorait son âme.

La maîtrise des Frères a vaillamment exécuté des marches brillantes ; malgré tout, nous ne pûmes l'admirer. Ces voix nasillardes, toujours fausses, sont pénibles à entendre.

En sortant de la messe nous prîmes au consulat le repas du matin.

... A 10 heures, les cawass en tuniques rouges chamarrées d'or, le sabre étincelant, le tarbouch éclatant, précèdent le consul dans son carrosse. Toute la famille prend successivement place dans l'équipage.

... Au pied du Mont-Carmel une maison nouvellement construite, entourée de grands murs blancs, attire les regards. C'est la demeure des filles de sainte Thérèse ; c'est là que nous nous rendons pour assister à la cérémonie de prise de voile de sœur Léocadie.

Nous entrons dans la pieuse chapelle : les Carmes sont réunis dans le chœur. L'un d'eux prononce une touchante allocution sur la vie religieuse. L'humble recluse s'avance un cierge à la main ; s'agenouillant devant la grille, elle se couvre du voile noir bénit par le Supérieur.

Après la cérémonie, les Pères nous conduisent au parloir. Ils servent eux-mêmes un magnifique goûter. On ne nous a épargné aucune douceur : vin de Chypre, gâteaux, bonbons, pastilles de chocolat, dragées. Les Pères ne veulent rien prendre ; se réservant le cilice, ils nous prient de les oublier : « Diamant et aimant, » ils sont de roc pour eux-mêmes et pleins de charité pour leurs frères.

... Le consul a le droit de voir la religieuse le visage découvert ; nous le suivons au premier étage.

... Derrière la grille, la Supérieure nous attend avec la nouvelle professe. Au nom de la France nous félicitons cette héroïque Française qui a renoncé à tout bien légitime, même à celui de la patrie, pour servir son Maître sur la Croix de Sion, et s'immoler dans son exil, sans réserve, pour le salut des âmes et la grandeur de sa nation.

... Le voile retombe, la porte se ferme..., nous restons muettes devant la froide grille. Les gais propos des Pères nous tirent de cette contemplation...

... Midi... Marie-Louise Bertrand nous accompagne au couvent... les éclats de rires se succèdent ininterrompus. La gaieté est à son comble quand il s'agit de se mettre à quatre pour découper le poulet élastique du déjeuner. Avant l'heure de la sieste nous nous rendons à la chapelle et repassons un « *O Salutaris* » pour le salut.

.., A trois heures l'organiste, M. X., vient nous tirer du sommeil, disant qu'il nous faut chanter le salut tout entier.

Grâce au bienveillant concours de la Révérende Mère, nous nous exécutons sans crainte ; solos et chœurs sont réussis.

Quatre heures ! La famille Bertrand nous donne encore une joie ; une promenade au bord de la mer. La voiture court sur la grève, au pied des monts abrupts, frôlant les vagues bleues aux reflets d'argent !... Les coquillages aux nuances d'arc-en-ciel attirent les regards ; tout le monde descend et chacun de faire sa provision d'éponges, de coraux et de pierres.

... Nous marchons en avant, ravies, jouissant des beautés de ces lieux enchanteurs.

Cependant, le soleil s'empourpre à l'orient, le crépuscule revêt la nature d'une même teinte sombre, des brises froides nous font trembler ; les montagnes noires prennent d'énormes proportions ; la mer avance, et vient courir dans le chemin. Il faut songer à s'éloigner... Au grand trot, les petits chevaux nous ramènent à Caïpha, au couvent.

On s'occupe activement du départ... c'est à onze heures que nous devons nous embarquer.

Marie-Louise vient nous rejoindre à sept heures. Nous passons gaiement la soirée ; une procession aux flambeaux vers la grotte de Lourdes au fond du clos, termine la réunion. Un à un les cierges s'éteignent ; la France est notre commune patrie ; on se donne rendez-vous au pays natal.

... Le cœur serré, mais confiantes dans l'avenir, nous reconduisons jusqu'à la grille notre chère sœur de pèlerinage. A DIEU ! A DIEU !...

Huit heures. A pas de loup, nous gagnons notre retraite et cherchons un peu de repos sur nos lits défaits.

Dix heures. La porte s'ouvre, c'est l'instant solennel, nous montons à la salle de Communauté, toutes nos mères sont réunies. On se connaissait à peine, déjà on s'aimait, et il faut se quitter pour toujours. Ah ! qu'elle est grave cette heure du départ et qu'il fait bon, en ces pénibles instants, s'attacher à l'ancre de l'espoir, les regards en haut !

Onze heures. Il faut partir... on s'embrasse au hasard, on se compte, chacun saisit son paquet. La nuit est noire ; Francis, le jardinier, marche en avant, éclairant nos pas. Mme Terme et Magdeleine le suivent immédiatement ; Mme Cognat, Faridé et moi, venons ensuite ; une orpheline, que nous ramenons au Liban, suit notre ombre.

Nous arrivons au port..., à la douane. Nous n'aurons jamais eu tant de difficultés pour faire passer nos malles ! On réclame les clefs..., il les faut, on insiste, on crie, on les donne ; on secoue un des compartiments... : des jupes chiffonnées, des paquets en désordre..., cela leur suffit. Tout se referme.

La barque est avancée, des bateliers turcs encombrent la passerelle ; ils appellent, s'agitent, puis restent en place ; dans l'obscurité c'est un étrange tableau.

Deux indigènes nous soutiennent. Une à une nous prenons place sur les banquettes du canot..., les bagages s'entassent, les rames s'élèvent..., nous sommes lancées sur l'immensité des flots.

C'est une de ces belles nuits d'Orient où le ciel ne s'assombrit que pour se parer d'étoiles d'or, toutes rivalisant de brillant et d'éclat.

La mer a gardé son reflet bleu, et les vagues, en se côtoyant, couvrent cette nappe d'azur de colliers d'argent.

Nos bateliers sont lents et peu adroits : l'embarcation est terriblement secouée. Serrées les unes contre les autres, nous nous écrasons presque pour éviter le mal de mer.

La traversée est terminée ; voici l'*Aurora*, grand vaisseau autrichien, qui surgit fièrement, dominant les flots.

Avec l'aide des marins nous escaladons l'échelle. Cet instant où l'on quitte une surface mouvante pour en gagner une autre, dans l'obscurité, est loin d'être rassurant.

Une fourmilière d'indigènes encombrent le pont. C'est à grand'peine que nous parvenons à nous livrer passage parmi cette cohue de gens et de paquets.

Enfin, nous atteignons la salle à manger des secondes, chacune prend place sur les couchettes superposées deux à deux autour des cloisons.

Le sommeil fut long à venir; nous commencions à ressentir ces douloureuses inflammations qui nous feront souffrir jusqu'au retour en France.

A sept heures du matin, transmission réciproque des vœux de fête. Par une heureuse et étonnante coïncidence, aujourd'hui 29 avril, à l'heure où tous les Nazareth du monde s'unissent en une même prière pour la Mère Générale, que dans quelques heures ses enfants de Beyrouth fêteront au nom de la Famille nazaréenne, nous atteignons notre dix-neuvième année.

Bientôt le déjeuner sonne : des couchettes surgissent de curieux personnages. Une tête de vieil artiste aux longs cheveux, aux lunettes à brancards, nous intéresse particulièrement. Puis, notre attention se porte sur un trio séduisant, aux chignons argentés, d'Anglaises au semblable visage. Nous déjeunons côte à côte et échangeons quelques mots avec ces aimables voyageurs.

A neuf heures l'ancre est jetée ; nous stoppons devant Beyrouth ! Rapidement nous montons sur le pont.

Rien n'est comparable à ce panorama de Beyrouth, où la nature réunit ce qu'elle a de plus grandiose : les montagnes et les flots. Son aspect en un mois a changé. Des touffes d'un vert tendre, émergeant de partout, viennent adoucir ce qu'il y aurait de trop éclatant dans cet assemblage de maisons blanches et roses. Les mûriers et la vigne en feuilles nous avertissent de l'heureuse succession des saisons. Nous saluons le printemps qui a chassé l'hiver.

D'une barquette on nous fait des signaux ; elle accoste ; c'est Mme Deschamps qui vient à notre rencontre. Qu'il est bon de se sentir encore en pays de connaissance !

Au couvent, une réception royale est préparée à la Révérende Mère. Des guirlandes de fleurs et de mousse se croisent dans les cloîtres ; sur les paliers s'échelonnent des plantes superbes.

Parmi cette profusion de fleurs, des théories de jeunes filles aux toilettes brillantes surgissent de toutes les galeries. Le bleu, le vert et le rouge s'harmonisent avec le blanc, le rose pâle et le mauve. Tout cet ensemble forme le plus gracieux coup d'œil qui se puisse imaginer.

A la réception des vœux, toute cette élégante jeunesse s'empresse d'offrir à la très vénérée Mère Générale des bouquets énormes, entourés de flots de rubans et de dentelles, des bonbons symétriquement rangés sur des plateaux d'argent.

Un banquet réunit mères et enfants. Le toast porté à la Révérende Mère vint clore dignement ce somptueux repas.

Tragédies, comédies, se succèdent sans discontinuer. Un moment on vit apparaître sur la scène une des voyageuses, qui retrouve sa verve en déclamant un monologue comique.

Le jour en baissant termina la fête. Une à une les sylphides disparaissent, le bruit s'évanouit, bientôt tout se tait.., et l'on demande à la nuit un sommeil réparateur, afin d'affronter courageusement les fatigues du lendemain.

Chapitre trente-deuxième.

A BORD DU « NIGER ».

PORT-SAÏD. — LE « KHÉDIVIÉ ».

Mardi, 30 avril.

A NEUF heures du matin, il est décidé que l'on s'embarque : la Mère Générale a des affaires à traiter à Alexandrie.

Le vent souffle avec fureur, les vagues s'enflent et mugissent ; néanmoins personne ne recule, et à l'heure fixée, les six voyageurs se dirigent vers le port.

Un groupe d'anciennes nous attendent au débarcadère. Se quitter est toujours pénible : il nous en coûte de leur dire adieu...

Longtemps nous pûmes répondre et suivre les signaux que l'on fit sur la rive... ; puis, quand la barque fut trop loin, chacun, pensif, se retira, les anciennes à Beyrouth, et nous sur le *Niger*.

C'est le plus grand paquebot des Messageries maritimes. Les cabines sont nombreuses ; nous les trouvons plus confortables que celles du *Sénégal*.

Notre installation nous ravit : une porte de communication unit notre cabine à celle de la Mère Générale, et nous permet d'échanger nos impressions.

Nos autres compagnes ont pour voisine une Italienne aux cheveux noirs, aux yeux plus sombres encore. Elle tire de sa mandoline des sons plus ou moins mélodieux pour rompre la monotonie du jour.

A six heures tout le monde repose, la position horizontale étant la plus recommandée à bord.

Mercredi, 1er mai.

Le mois de Marie s'ouvre en mer; nous pouvons naviguer paisiblement, nous voguons sous les auspices de la Vierge.

Avec le jour, nous stoppons devant Jaffa.

Onze heures. A la fin du repas, une dame aux vêtements élégants, le visage couvert d'un voile bleu, se dirige sur notre groupe, et, s'adressant à la Révérende Mère, lui parle avec une volubilité extraordinaire. A cette physionomie, à ce geste, à cette emphase, nous reconnaissons « l'étrangère de Cana. » C'est Mme S. G. Nous aurons le plaisir de voyager en sa compagnie jusqu'à Constantinople.

Mme S. G., Française d'origine, est retirée en Suisse, près de Lausanne. Elle circule huit mois par an, et affronte invinciblement le soleil des tropiques. Intelligente, spirituelle, distinguée, Mme S. G. a un entrain presque excessif; les quinze jours que nous allons passer en son intimité vont nous convaincre de son originale vivacité.

Nous ne laisserons Jaffa qu'à huit heures du soir.

Retirées en nos cabines, nous ouvrons les sabords et nous nous intéressons au jeu des vagues. Quelquefois un bateau de pêche ou un navire anglais trace un sillon dans le lointain; c'est une petite barque qui s'avance maintenant; elle manœuvre tout près du *Niger* : on la dit à la recherche d'une ancre. Deux hommes, debout, sont occupés au fonctionnement d'une pompe à air ; un troisième revêt un scaphandre : entouré de cette forte cuirasse, le fragile être humain pourra sans danger visiter les profondeurs aquatiques.

A cinq heures nous quittons nos cabines et montons sur le pont. Presque tous les passagers nous sont connus. Voici M. et Mme Fornier, consuls de Jaffa, puis l'ex-chancelier de cette ville, qui va s'installer à Port-Saïd avec toute sa famille. Nous saluons aussi le Père Diégo, dont Marie-Louise nous avait beaucoup parlé, et un Franciscain de Jérusalem.

On nous présente à Mgr Altmayer, évêque de Diarbékir;

nous parlons de la famille Bertrand, qu'il connaît très particulièrement. A dix heures la cloche retentit ; on se met à table. Monseigneur préside ; à ses côtés se placent trois Dominicains ; viennent ensuite la Révérende Mère, Mme A., Mme S. G., et nous en face... Il n'y eut jamais dîner plus gai. Mme S. G. conte mille choses extraordinaires, et s'adresse à chacun avec beaucoup d'animation.

A sept heures, la promenade sur le pont ne manque pas d'agrément. Monseigneur parle d'une façon très intéressante de son diocèse et des missions ; le Père Diégo communique à tous sa vivacité et son entrain.

Nous nous retirons à huit heures, après avoir reçu la bénédiction de Monseigneur.

Mercredi, 2 mai.

Nous nous réveillons à Port-Saïd. Notre désir serait de prendre le petit paquebot du canal de Suez pour Ismayla, et de là le chemin de fer pour le Caire.

Mais nous devons nous embarquer demain sur le *Khédivié ;* le sacrifice s'impose de lui-même. Tout en philosophant, nous nous préparons à descendre à terre pour assister à la messe chez les Franciscains.

De retour sur le *Niger*, la matinée se passe en écritures, organisations, plans de voyage, pourparlers.

Après le repas, nous considérons un instant le jeu des marsouins au-dessus des vagues, et descendons en la barque qui nous fait toucher la rive.

Il nous fut donné de visiter les maisons des Sœurs du Bon Pasteur et d'assister au salut en la chapelle de ces religieuses. Monseigneur Altmayer officiait. Au retour de Madagascar, nos soldats recevront les soins de ces âmes dévouées, et plusieurs leur devront le rétablissement de leur santé.

Nous parcourons en tous sens les rues ensablées de Port-Saïd, et suivons un instant les bords du canal de Suez, dont l'embouchure est extrêmement large.

A cinq heures nous sommes de retour... ; sur les tables on dresse les violons, c'est mauvais signe.

L'ancre est levée, la plupart des passagers gagnent leur cabine... Une à une nous les suivrons toutes, après avoir essayé, mais en vain, de dîner au salon.

Jeudi.

Suivant les prévisions générales le temps a été atroce... ; cette tempête nous a beaucoup retardées, nous ne serons à Alexandrie que vendredi matin.

Vendredi.

ALEXANDRIE. — Eprouvant le besoin de recommander notre prochaine traversée à Celui qui commande aux vents et à la mer, nous dirigeons nos pas vers l'église Sainte-Catherine.

M. Hanouri est venu nous rejoindre ; nous déjeunons avec lui à l'hôtel Abbat.

Après les villages de la Palestine, Alexandrie paraît une ville très civilisée.... Nous nous rapprochons de la France, nos cœurs battent plus à l'aise, une brise d'Europe les fait revivre.

Une heure ! Nous sommes sur le *Niger* et bouclons nos valises en grande hâte, le *Khédivié* va partir. Il stoppe trois cents mètres plus loin... On jette tout dans la barque ; nous y sommes enfin ; la nacelle s'éloigne avec rapidité...... on accoste.... ; en haut de l'échelle tremblante, une grande dame nous appelle et nous attend ; c'est Mme S. G.

« Mes chères filles, nous allons être parfaitement bien, j'ai choisi notre cabine, tout est préparé... » Courant en avant, traversant les couloirs, sûre d'elle-même, notre prévoyante compagne nous entraîne... Après mille circuits nous atteignons enfin la « délicieuse installation. » Délicieuse n'est pas le mot ; nous sommes cinq ensemble, c'est un véritable dortoir !... quatre couchettes et un grand sofa transformé en lit. On nous laisse le choix ; nous prenons les couchettes, le canapé reste en entier à Mme S. G.

Le *Khédivié*, plus coquet, plus luxueux que nos bateaux des Messageries, est loin d'égaler leurs proportions et leur confortable. L'organisation n'est pas la même... ; les cabines, irrégulières, dispersées çà et là, comprennent toutes cinq ou six lits. Il faut, coûte que coûte, accepter le voisinage d'étrangers.

La machine gronde sourdement, le navire s'ébranle à deux heures... ; toutes, dans nos petits lits, nous affrontons pacifiquement les premières secousses des vagues.

Le calme ne fut pas de longue durée ; il fallut bientôt nous mesurer avec le terrible mal de mer.

Une à une nous succombons ; Mme S. G. seule résiste... ; à demi étendue, elle se prodigue en exclamations compatissantes et généreuses. « Un peu de cognac vous remettrait ! Pauvre chère mère ! » Mme Allibe rend l'âme, et les colombes aussi. « Oh ! quelle nuit ! quelle nuit, mes petites ! »

La nuit fut pénible en effet. Le *Khédivié* est peu chargé. Il roule et suit le mouvement des vagues comme une véritable coquille de noix.

Le tragique de la situation fut atténué par le comique des faits et gestes de la propriétaire du sofa.....

Avec le jour, le calme revint ; nous pûmes suivre la marche du navire.

A neuf heures nous entrons dans l'Archipel et saluons Rhodes, l'île des chevaliers de Malte et du fameux colosse considéré comme une des sept merveilles du monde.

A midi nous découvrons à différentes distances les Cyclades : Scyros où Achille passa son enfance, Naxos, Délos, célèbre par la naissance de Diane et d'Apollon, par son palmier, par ses fêtes... Toutes ces îles, si riantes autrefois, ou, peut-être, si embellies par l'imagination des poètes, n'offrent aujourd'hui que des côtes arides et désolées. De tristes villages à minarets blancs s'élèvent sur ces rochers. Ils sont dominés par les ruines plus tristes encore d'anciens monuments et quelquefois environnés d'une enceinte de murailles. On ne voit ni fleurs, ni ruisseaux, ni ombrages ; parfois un bouquet d'oliviers, des roches rougeâtres tapissées de sauge et de baume sauvage...

... Bientôt nous côtoyons Pathmos, où l'apôtre saint Jean écrivit l'Apocalypse ; nous passâmes auprès de Chio, la « fortunée patrie d'Homère ».

... Partout, ce n'est qu'une suite d'îles, les unes rondes et élevées, les autres basses et longues, toutes différemment coloriées selon le degré d'éloignement.

Dimanche 5 mai.

A six heures nous dépassons Lesbos ; à huit heures nous serons au détroit... Le détroit des Dardanelles, rien de plus pittoresque et de plus gracieux, tous les passagers se préparent à monter sur le pont ; tous ont hâte de saluer ces deux rives que la nature n'a rapprochées que pour en faire ressortir la complète dissemblance. A gàuche, s'étend la côte d'Europe, aride, escarpée, sévère ; à droite, la côte d'Asie, riante, verdoyante et très animée ; une multitude de petits voiliers glissent sur ses bords.

« Dardanelles » signifie deux châteaux. Les unes en face des autres s'élèvent les ruines des forteresses qui ont donné le nom au détroit.

La ville de Dardanelles est située sur le versant des collines asiastiques. On voit flotter sur le port les drapeaux des différents consulats. Nous saluons à plusieurs reprises celui de France.

Le *Khédivié* stoppe pour permettre à l'agent turc de faire la visite sanitaire. Cette formalité n'est pas longue à remplir, et bientôt le navire fend l'eau bleue dans un dernier et fort bel élan.

Nous quittons l'Hellespont pour entrer dans la mer de Marmara, l'ancienne Propontide. « *La Bayonne* », vapeur français, passe en cet instant, nous saluons avec bonheur le courrier de France.

... N'est-il pas étrange qu'il nout soit donné de pénétrer en ces lieux chantés par Homère, et rendus fabuleux par l'antique histoire?...

Le mont Ida, couvert de neige, rappelle le souvenir de la belle Hélène ; la presqu'île Cyzique nous fait souvenir de quelqu'un des grands « travaux d'Hercule. » Sur ces flots azurés, on croit voir flotter les blanches voiles des navires argonautiques. La Troade ! il nous semble entendre encore les cris joyeux des envahisseurs sortant du cheval de bois. La côte de Thrace ! les promontoires de Sestos et d'Abylos nous rappellent Alexandre et son armée ; Xerxès et sa flotte ; les Athéniens et les Spartiates...

... Laissons loin de nous ces souvenirs profanes, et rappelons à notre piété le nom de saint Jean l'Évangéliste, le voyant de Pathmos. N'est-ce point ici que l'Apôtre des nations fut si souvent en péril au milieu de la mer? Je gage qu'il a dû trouver le péril parmi les faux frères et les voleurs dont nous sommes entourées, et qui s'apprêtent à nous assaillir en une nuée (selon les guides les plus sûrs), dès l'arrivée à Constantinople.

En attendant, nous filons rapidement sur une mer délicieuse, portées entre l'Europe, après laquelle nous soupirons, l'Asie, qui nous laisse de si doux souvenirs, et l'Afrique, où nous n'avons passé qu'un moment, pour regretter l'Asie et désirer l'Europe.

Voici Gallipoli... les minarets sont nombreux, hélas ! Nous cherchâmes longtemps un clocher qui nous rappelât la présence de l'Homme-Dieu... Enfin, le voilà ! petit, humble, caché ; mais il est là, cela suffit.

Les dauphins se jouent plus que jamais dans la mer bleue. Ils frétillent et se réjouissent, autant que nous, du calme et de la limpidité de ces vagues d'azur.

Un coup de cymbale retentit ! C'est au son du tam-tam que nous sommes invitées à luncher.

Maigre lunch ! le fond d'une assiette de soupe, un pigeon étique, un petit morceau de gruyère bien rance... Appétit de voyageur, rassasiez-vous ainsi !

A une table séparée, servie avec beaucoup de déférence, nous remarquons un certain groupe composé de trois jeunes garçons vêtus à l'européenne, mais toujours coiffés du tarbouch, d'un Turc, jeune encore, à tournure de bon bourgeois, qui semble être le chef de famille, enfin, d'une institutrice, grande, élancée. Elle mange peu et paraît faire beaucoup d'observations à ses élèves.

C'est Son Altesse Achmed-Fuad, pacha venant d'Egypte ; il se rend avec sa famille au Palais de Yeni-Keu, sur le Bosphore. Les enfants sont confiés à des gouvernantes peu aimables qui se pavanent sur le pont et dans les salons. La pauvre mère, sans autorité, sans puissance, demeure enfermée tout le jour en sa cabine avec ses suivantes et ses esclaves.

Son Excellence, très aimablement, vint nous parler sur le pont ; elle nous fit remettre sa carte et une invitation pour Yeni-Keu.

A cinq heures nous passons devant le mont Olympe, le Paradis mythologique, le séjour des dieux. La crête de la montagne s'élargit en amphithéâtre, et forme un cirque énorme entièrement recouvert de neige. Ces teintes blanches, légèrement colorées par le reflet empourpré du soleil couchant se projetant sur la mer, forment un saisissant et merveilleux effet.

L'île de Marmara apparaît aussi. Majestueusement assise au milieu des flots, entourée d'une guirlande de rochers, elle semble défier la grande capricieuse qui la cerne de toutes parts.

Le paysage devient de plus en plus admirable. Les îles des Princes émergent couvertes de montagnes blanches. Sur la côte d'Asie se détachent les premières maisons de Scutari, Kadi-Keu ou Chalcédoine. Sur la côte d'Europe s'étend la petite ville de San-Stephano.

Enfin Constantinople apparaît !

Des cris d'admiration s'élèvent de tous côtés, les passagers se massent à l'avant.

Constantinople, aux fugitives lueurs du crépuscule, Constantinople et ses incalculables minarets, Constantinople et l'immense nappe d'azur formée par l'embouchure de la Corne d'Or, du Bosphore, de la mer de Marmara ; Constantinople, faiblement éclairée par les rouges reflets du soleil qui descend, et les clartés sémillantes des premières étoiles, offre un point de vue unique et merveilleux. Au dire de voyageurs expérimentés, c'est un des plus remarquables de l'univers.

Le bateau stoppe à l'extrémité nord de la mer de Marmara, entre les eaux du Bosphore et de la Corne d'Or.

A gauche s'étend Stamboul, la ville turque ; en avant, reliées à la première par deux ponts, s'étagent Galata et Péra.

Des milliers de nacelles ou caïques vont et viennent en tous sens, effleurant le détroit. L'ancre est jetée... L'assaut des bagages commence... Il est plus terrible que jamais ! Mme S. G. court de tribord à bâbord, désolée : ses malles ont été portées dans une barque étrangère ; on l'a trompée !...

Enfin..., elle parvient à rattraper le véritable agent Cook qui retrouve les objets perdus.

Le passage s'éclaircit, trois soldats viennent avertir la femme du pacha que son yacht accoste. Elle sort avec ses compagnes de son lieu de réclusion. Nous suivons ce groupe, descendons une à une la petite échelle et sautons dans la barque qui doit nous conduire au port de Galata.

Sept heures et demie ! l'horizon s'assombrit, les astres brillants et quelques faibles lueurs venant de la cité, nous éclairent seuls, tandis que nous glissons sur les eaux.

Cette promenade est ravissante ; volontiers nous passerions la nuit en ce lieu enchanteur.

Déjà nous abordons.

Les douaniers ne sont pas trop exigeants, il leur suffit d'ouvrir une des malles de Mme S. G. Nous hâtant d'avancer, nous retrouvons, au milieu de la première rue, nos valises égarées.

Plus de voitures !.. pas d'omnibus !.. un seul coupé est disponible.

Nous nous entassons à cinq dans cet espace étroit, soumettant les ressorts à une dure épreuve.

Péra, Palace-Hôtel.

Nous nous installons ce soir dans ce magnifique hôtel, et prenons, au troisième étage, deux grandes chambres se communiquant. Coucher à Constantinople ! mon Dieu ! quelle chose extraordinaire ! Et qu'allons-nous y faire ? Combien de temps resterons-nous là ? Énigme impossible à résoudre.

Confiantes en la Providence, nous nous endormons paisibles et joyeuses en notre grand lit blanc.

Chapitre trente-troisième.

CONSTANTINOPLE. — SAINTE-SOPHIE.
LA TOUR DE GALATA. — STAMBOUL.

Lundi 6 mai.

A SEPT heures du matin, nous quittons le Grand Hôtel et nous nous dirigeons à pied vers le modeste clocher qui se dresse timidement, noyé dans un océan de minarets ; c'est Sainte-Marie, église des Franciscains.

Les fidèles se pressent sur les bancs et les chaises. A peine trouvons-nous une place pour nous agenouiller auprès de la table de communion. Beaucoup de foi, de recueillement. On sent que l'on est sous le régime direct de la persécution et que la nécessité s'impose aux plus faibles de demander appui, lumière et force pour la propagation de la foi et la paix de l'Église.

Le Père Gabriel, ancien missionnaire en Galilée, a reconnu le costume des religieuses de Nazareth ; il vint nous trouver après la messe et nous fit monter au divan.

Ce séjour dans la capitale ottomane peut dépasser la semaine. Il n'est pas dans nos projets de demeurer à Péra-Palace, il s'agit de trouver un gîte dans une maison religieuse. Où devons-nous diriger nos pas ?

Le Père nous conseille fort de nous rendre auprès de là, dans le monastère du Tiers-Ordre des Capucines.

Descendant un grand escalier, nous nous rendons à la dite maison et frappons discrètement à la porte grillée. La Supérieure, femme très énergique, nous invite à déjeuner ; une petite table est dressée dans le parloir... Elle s'excuse infiniment, mais, faute de lits, ne peut nous recevoir.

Cherchons ailleurs ! Oh ! la force d'âme, la force de caractère, l'invincible confiance en Dieu, oh ! puissants soutiens de la nature humaine, en ces instants d'indécision où tout semble se coaliser contre nos projets, qu'il fait bon de trouver ces forces auprès de soi !

Nos Mères possèdent ces vertus au plus haut point, elles excellent à prendre le bon côté des choses et à tirer parti de tout.

Retournant en la rue Péra, nous prenons une voiture et nous nous faisons conduire chez les Dames de Sion...

La Supérieure veut bien nous donner asile. On dresse deux lits dans un parloir ; nos Mères sont installées en deux cellules à l'autre extrémité de la maison.

Nous regagnons l'hôtel à onze heures pour déjeuner et faire les paquets. M. S. G. eut la bonté de nous offrir sa voiture, nous lui sommes confiées pour visiter la ville.

La grande rue Péra est la seule qui rappelle en quelque manière nos rues ordinaires de province. Ce quartier n'a ni caractère, ni originalité, ni beauté. Il faudrait monter au sommet des toits pour jouir du magnifique coup d'œil des jardins et de la mer, du port et des vaisseaux, de la richesse et de la splendeur de Constantinople.

Nous descendons à Galata, quartier du commerce ; sur-le-champ nous remarquons le mouvement des quais, la foule des porteurs, des marchands, des mariniers. Ceux-ci annoncent par leurs couleurs diverses, par la différence de leur langage, de leurs robes, bonnets, turbans, qu'ils sont venus de toutes les parties de l'Europe et de l'Asie habiter cette frontière des deux mondes.

La malpropreté des rues et les meutes de chiens sans maître sont les caractères saillants des voies publiques de cette grande cité.

Après avoir traversé la Corne d'Or, sur le grand pont de bois qui relie Galata à Stamboul, les regards se portent sur la mosquée bleue de la sultane Walidé, puis, de là, sur la

CONSTANTINOPLE.

Sublime Porte, débris de la vieille architecture byzantine.

Les musées sont intéressants à visiter. Un grand nombre de sarcophages perses, grecs et romains, recueillis un peu partout, y ont été rassemblés.

Le plus remarquable est celui d'Alexandre. Les principales batailles livrées par le grand conquérant sont reproduites en relief sur les côtés. Les physionomies des personnages ont une expression extraordinaire ; le marbre est fouillé avec un art exquis. Une journée ne suffirait pas pour étudier ce chef-d'œuvre digne des temps antiques.

Des momies entourées de bandelettes ont été rapportées d'Égypte ; des colliers d'or, des bijoux finement ciselés attirent notre attention.

Mme S. G. est déjà remontée en voiture..., il faut nous arracher à ces contemplations pour nous intéresser à d'autres curiosités.

Sainte-Sophie ! Le platane énorme qui se dresse en avant sur la place aurait, au dire de la légende, servi de cuisine aux janissaires. A ce crochet volumineux, posé transversalement, ils suspendaient le chaudron.

Sainte-Sophie apparaît « comme une colline informe de pierres accumulées surmontées d'un dôme massif. » Tout le bâtiment est recouvert de peintures jaunes entremêlées de raies brunes ; à certains endroits, le plâtre des murs se détache. Cette gigantesque construction entre les mains des Turcs spoliateurs tombera par parcelles sans que l'on songe à en relever une pierre !

Sur le seuil, deux cheiks nous présentent d'énormes babouches de maroquin jaune ; il faut s'en munir ou retirer ses chaussures. La première alternative a moins d'inconvénients, nous l'acceptons sans hésiter.

La portière s'élève... puis retombe, nous restons quelques instants sur place, comme écrasées par l'aspect de ce temple colossal.

Mme S. G., dans sa stupéfaction et dans le feu d'une sublime péroraison sur la grandeur de DIEU et l'aveuglement des hommes, perd une de ses babouches, et, le regard élevé, continue sa marche... Soudain, un des gardiens, l'air menaçant, se précipite vers elle tenant l'objet oublié. En gestes expressifs, il signifie que pareille chose ne doit plus se renouveler.

« Sainte-Sophie »... ce superbe monument élevé à la sagesse de DIEU, par Constantin, victorieux de Maxence, ressemble à l'intérieur d'un tombeau colossal dont les reliques ont été dispersées.

L'aspect de ce vaste édifice, dépouillé d'autels et d'ornements, est triste, sombre, glacial. L'hôte nécessaire de ce palais est absent ; depuis de longues années, il n'a point reparu. Les ravisseurs et leurs fables sont en criante disproportion avec les grandeurs et la majesté de ces voûtes colossales.

Des piliers gigantesques portent un dôme aérien comme celui de Saint-Pierre. L'effet en est au moins aussi majestueux.

Ce dôme, revêtu jadis de mosaïques dorées, fut badigeonné quand Mahomet II s'empara de Sainte-Sophie pour en faire une mosquée. Quelques parties de l'enduit sont tombées et laissent réapparaître l'ancienne décoration chrétienne.

Des galeries circulaires adossées à de vastes tribunes, règnent autour de la basilique à la hauteur de la naissance de la voûte.

De tous côtés des croix en partie effacées, des niches comblées, font souvenir de l'ancienne demeure du CHRIST-Roi.

Quand donc cette basilique sera-t-elle rendue au vrai culte ? Quand verrons-nous se dresser en haut de sa coupole la Croix victorieuse ? Quand donc les échos de ce temple, un des premiers où fut honoré le CHRIST, répéteront-ils à nouveau les hymnes des chrétiens?

Ce sont les cris de nos cœurs ; puissent-ils un jour saluer la résurrection de ces voûtes mortes !

De superbes colonnes de porphyre, de granit égyptien et

des marbres les plus précieux, se suivent dans la grande nef. Nous nous arrêtons un instant devant l'une d'elles, percée en un endroit d'où suinte de l'eau. Pendant les persécutions, on aurait percé de flèches plusieurs martyrs attachés à cette colonne.

D'uniformes rectangles, inclinés au sud-est, sont dessinés sur l'immense tapis qui recouvre les trois nefs ; la place de chacun des « croyants » ainsi désignée est orientée vers La Mecque.

En sortant, nous admirons les magnifiques portes en bronze entièrement ciselées.

Traversant les promenades, longues avenues de mûriers, nous arrivons sur la place de l'Hippodrome où se trouve le cirque de l'ancienne Byzance.

C'est là que, sous l'empereur Justinien, les célèbres factions des Verts et des Bleus faisaient courir leurs champions, et livraient entre eux de sanglantes batailles, quand ils ne pouvaient arriver à régler leurs paris.

Sur cette place s'élèvent plusieurs remarquables antiquités : l'obélisque de Théodose avec ses écritures semi-égyptiennes et semi-romaines ; la colonne de Delphes, entourée d'énormes serpents, qui rappelle les oracles d'Appollon. Un peu plus loin, nous passons devant la pyramide dorée de Constantin.

Descendant ensuite les marches glissantes d'un sombre souterrain, nous arrivons à la citerne des mille et une colonnes, ainsi nommée à cause du nombre incalculable de piliers superposés les uns au-dessus des autres dans ces obscures galeries. Ce lieu, témoin de nombreux massacres, n'inspire que l'horreur et l'effroi ; nous nous hâtons d'en sortir.

Quelle est cette rotonde de marbre blanc, aux fenêtres à grillages dorés, située à l'extrémité de la place ?

C'est le « Koubbé » ou tombeau du sultan Mahmoud.

Nous enfilons des babouches et entrons dans le mausolée où repose le vénéré destructeur des janissaires, le réformateur de l'ancien costume turc, avec sa femme, la sultane Walidé, et cinq de ses filles.

L'aspect de ces grands catafalques symétriquement rangés, recouverts du drap mortuaire en velours noir plaqué de broderies d'argent, est saisissant.

Deux cierges brûlent, leur cire jaune répand une odeur pénétrante ; des korans aux feuillets parcheminés sont posés de côtés et d'autres sur des « *kerasi* », sorte de pupitres en bois généralement inscrustés de nacre et d'ivoire.

Le catafalque du sultan, recouvert de précieux cachemires, est surmonté d'un fez chamarré d'or, orné d'une boucle de diamant et de l'aigrette en plume de héron, insigne du pouvoir suprême. Ce sont les couronnes du défunt.

Voici la mosquée du sultan Achmet ; c'est la seule qui possède à Constantinople les six minarets réglementaires. La cour intérieure est grande et spacieuse. Les murs et les piliers sont en partie recouverts de faïences bleues ; les Turcs y vénèrent une plaque de marbre jaune qui, selon la légende, aurait la propriété de guérir de la jaunisse.

Mardi 7 mai.

Semblable à une borne colossale, la tour de Galata, construite par les Génois, surgit, dominant un océan de toits et de minarets.

Pour en atteindre le sommet, nous gravissons péniblement les 141 marches d'un escalier noir et tortueux, passant, aux diverses étapes, d'une salle de gardes à un sombre pigeonnier. Enfin, nous sommes à même de contempler un des plus magnifiques panoramas de l'univers.

L'Europe, l'Asie, l'entrée du Bosphore, la mer de Marmara, les îles des Princes, les crêtes neigeuses de l'Olympe et de Brousse : le regard embrasse tout à la fois.

C'est, comme le dit si bien Lamartine, « le vol de l'aigle au-dessus de Constantinople et de la mer. »

Après avoir franchi le bassin bleu du canal, le premier

objet que l'œil rencontre, c'est la pointe du sérail qui s'avance comme un promontoire aplati entre ces trois mers, en face de l'Asie. Ce promontoire est un triangle dont la base est l'ancien sérail, dont la pointe plonge dans la mer et dont le côté le plus étendu donne sur le port de Constantinople. Du haut de notre tour nous le dominons entièrement. C'est une forêt de coupoles d'or ou de plomb, de minarets aussi minces que des mâts de vaisseaux, de larges dômes, de palais, de mosquées, parmi lesquelles Sainte-Sophie élève son dôme massif et gigantesque qui semble écrasé parmi les tiges des minarets et des coupoles, plus légères, qui l'entourent.

Si l'œil plonge jusqu'au fond du port, il voit la mer diminuer sensiblement de largeur et se perdre sous les arbres dans le vallon des « eaux douces d'Europe » ; si le regard redescend, il voit, sur la rive gauche du canal, les collines de Galata et de Péra couvertes d'habitations de diverses couleurs. Des espaces vides s'échappent des groupes de verdure formés de platanes et de cyprès.

Des nuées de tourterelles et de pigeons se détachent, comme des fleurs blanches balancées par le vent, du bleu de la mer, qui fait le fond de l'horizon.

Nous ne dirons jamais assez quel fut le ravissement, l'éblouissement que nous éprouvâmes devant cet immense panorama. « C'est une ivresse des yeux qui se communique à la pensée, un éblouissement du regard et de l'âme. » Il faudrait une plume plus exercée que la nôtre pour décrire ce tressaillement d'enthousiasme en regard du vrai beau.

Une visite aux appartements de la sultane Walidé, contigus à la grande mosquée que cette généreuse princesse fit construire, vint clore cette matinée. Les faïences persanes qui tapissent entièrement les murailles de ces bâtiments, sont d'une grande valeur ; elles rappellent un peu les inoubliables teintes bleues de la mosquée d'Omar.

Mardi 8 mai.

Notre installation chez les Dames de Sion est des plus agréables. Les repas se prennent en commun dans un petit parloir. Tout à côté sont dressés nos minuscules lits de fer, dans lesquels nous dormons parfaitement malgré leurs disproportions avec nos grandes tailles.

Malheureusement des pas précipités, un roulement de voiture, tout résonne en notre pauvre chambre construite en sous-sol près de la rue. C'est un continuel vacarme !

Une nuit nous fûmes éveillées en sursaut ; les vitres et la muraille, tout tremblait à la fois. Nous crûmes à un tremblement de terre.... C'était tout simplement le soldat de garde qui venait remplir son office : frappant les trottoirs de sa lourde dague, il indique l'heure aux passants... Ce devait être l'heure de minuit.

Pour aller rejoindre Mme S. G. à Péra-Palace, il nous faut prendre le tramway. Dans ce pays, ils sont en général fort étroits et très enfumés ; cela fait que les Européennes les choisissent et s'en servent le moins possible.

Nous trouvons notre Mentor qui termine à la hâte son déjeuner.

Vêtue d'une magnifique robe de soie noire et blanche, Mme S. G. monte en voiture avec « ses colombes ». Le drogman Alexis dirige le conducteur.

Nous allons achever de parcourir Stamboul.

Dans la mosquée des Pigeons, on nous relate la curieuse histoire de deux de ces oiseaux adoptés par un sultan, devenus par là même sacrés, et lâchés dans cette mosquée.

La cour, les galeries, les fontaines fourmillent de plumages gris et blancs... Nous jetons un peu de grain ; immédiatement un nuage ailé s'agite tout autour, voletant, picorant, roucoulant...

La coupole de la mosquée de Soliman le Magnifique resplendit et domine toutes les autres. Sainte-Sophie, seule, dépasse ses proportions.

Les fresques de ce dôme sont remarquables ; les colonnes intérieures en porphyre et en autres marbres d'Ephèse s'élèvent à une grande hauteur. Les vitraux, véritables mosaïques de verre, sont admirablement conçus et finement exécutés.

Toutes ces mosquées sont précédées de vastes cours entourées de cloîtres où sont les écoles, les séminaires et la demeure des imans. Ces cours sont ordinairement ombragées par de fort beaux arbres. De nombreuses fontaines facilitent aux croyants leurs longues ablutions.

« Quatre minarets s'élancent au-dessus de leurs dômes ; » de petites galeries circulaires avec un parapet en pierre » sculptée à jour comme de la dentelle, environnent à » diverses hauteurs le fût léger du minaret ; là se place, » aux différentes heures du jour, le muezzin qui crie l'heure » et appelle la ville à la pensée de DIEU (1). »

Un portique, élevé de quelques marches, conduit à la porte du temple. Le temple est un parvis carré ou rond, surmonté d'une coupole portée par d'élégants piliers ou de belles colonnes cannelées.

Une chaire ou « méhérel » est adossée à un des piliers. La frise est ornée par des versets du Coran, écrits en caractères gigantesques sur le mur ou sur un carton quelconque. Les murs sont peints en arabesques.

Des fils de fer traversent la mosquée d'un pilier à l'autre, et portent une multitude de lampes, des œufs d'autruche suspendus, des bouquets d'épis, quelquefois des fleurs.

Des nattes de joncs et de riches tapis couvrent les dalles du parvis. L'effet est simple, grandiose, mais tout ce qu'il y a de plus triste et froid.

En sortant de la mosquée, nous nous dirigeons, à travers un dédale de rues sales et étroites, vers les débris du grand bazar.

« Le grand bazar » était une des célébrités de Constanti-

1. Lamartine, *Voyage en Orient.*

nople ; un récent tremblement de terre l'a presque entièrement détruit. A chaque pas se rencontrent des colonnes fendues et brisées, des murs en ruines, des échoppes en partie comblées. On voit des débris de plafonds et d'habitations ; c'est un mélange de pierres et de parquets, de poutres et de plâtre ; et çà et là quelques galeries subsistent encore dans leur entier.

Celle des ivoires et de l'ambre contient une suite incalculable de peignes en tous genres et de chapelets.

Nous marchandons des turquoises, des saphirs, des rubis à quelques boutiquiers noyés dans un fouillis de décombres et de ruines.

Laissant ces rues tortueuses et malpropres, nous nous rendons sur la grande place du Ministère de la Guerre. Au centre s'élève noblement la tour du Séras-Kasa. Un soldat veille et sonne le rappel aussitôt qu'un incendie se déclare. Les constructions en bois sont moins nombreuses ; jadis, il y en avait davantage ; et pour cette cause, en moyenne, on ne comptait pas moins de quatre incendies par nuit à Constantinople.

Nous traversons le pont et suivons le quai de Galata jusqu'à Top-Hané. Là s'élèvent une suite de palais. Nous remarquons « Dolma Bagtché », habité par le dernier sultan Abdul-Hamid, et dont la façade s'étend sur les rives du Bosphore. Nous admirons les portes en marbre blanc doré et le grand parc aux royales avenues. Mais... le jour baisse, la fraîcheur tombe. « Yallah, » En route, cocher ! Nous remontons au Taxim et retrouvons avec joie notre logis et nos Mères.

Chapitre trente-quatrième.

A L'AMBASSADE. — LE BOSPHORE.

Mercredi 9 mai.

Nous laisserons ce matin Mme S. G. glisser en caïque sur la Corne d'Or et nous dirigerons nos pas à l'ambassade, où la Mère Générale doit traiter une dernière affaire.

De superbes jardins entourent l'hôtel de notre ambassadeur. Les armes de France sont sculptées sur la façade des bâtiments... Des bustes bien connus rappellent les grands noms de notre belle histoire : Louis XIV, Henri IV, Corneille et Richelieu.

A gauche du palais se dresse la croix qui domine la chapelle Saint-Louis, véritable joyau aux sculptures d'une finesse exquise, aux ravissantes peintures des vitraux.

Sur l'autel, la croix d'une forte épée semée de fleurs de lis est sculptée au milieu des palmes qui rappellent l'héroïsme du saint roi martyr.

Après une courte station à Saint-Antoine de Padoue, église des Cordeliers, nous descendons à Stamboul et cherchons à trouver des spécialités du pays.

Les Arméniens sont fins commerçants ; il est difficile de s'entendre avec eux. Néanmoins nous nous en tirons à bon compte et parvenons à trouver quelques objets dont les prix abordables décident notre choix.

Des tapis de satin, tout étincelants de broderies d'or et de soie, des tarbouchs aux nuances célestes, à passementeries d'or, les cuivres ciselés de Damas et les terres cuites argentées, attirent surtout notre attention.

A une heure nous avons rejoint Mme S. G. descendant au port de Galata. Nous nous embarquons sur le « *Zig-Zag* », accompagnées cette fois de notre interprète et d'un Père Cordelier.

Le *Zig-Zag* fend les vagues avec rapidité et s'en va, comme son nom l'indique, de droite à gauche, d'Europe en Asie et d'Asie en Europe.

Cette traversée est admirable, notre enthousiasme va toujours croissant... Aucun site ne peut rappeler le pittoresque et la majesté de cette ravissante côte d'Asie couverte de lauriers et d'arbres roses, de palais, de ruines et de kiosques.

Nous saluons d'abord les sérails de Top-Hané, le magnifique palais d'Abdul-Hamid et, plus loin, celui d'Abdul-Azis... Glissant à travers les innombrables caïques et les vaisseaux du port, nous touchons à Scutari, qui s'élève à l'extrémité du cap comme un bouquet de fleurs, et s'en vient mourir sous le bois noir de cyprès qui couronne son plateau.

Fendant le rapide courant nous abordons à « Yeni-Keu », sur la côte d'Europe. Le palais d'Achmed-Fuad, pacha, s'élève à quelques pas de la rive, au milieu de pelouses en fleurs qui vont se perdre dans un bois de lauriers, de lilas et de platanes. Le harem, un peu séparé du corps de logis, est entouré par d'épais grillages en bois finement sculptés.

Nous obliquons vers l'Asie et venons mouiller à deux pas de l'ancienne résidence de l'Impératrice Eugénie. Ce palais de marbre blanc, à balustrades d'or, semble être distribué avec un goût parfait. Pur, rayonnant d'éclat et de blancheur, il paraît sortir des mains de l'artiste.

Plus loin, nous apercevons les « eaux douces d'Asie ». C'est ici, dans cette charmante prairie parfumée de senteurs de lilas et de roses, semée de kiosques et de fontaines mauresques, que la haute aristocratie turque vient se réunir en hiver, quand le froid fait déserter au fond de la Corne d'Or les « eaux douces d'Europe ».

Ne craignant ni le tourbillon des courants, ni l'épaisseur de la vague, les dauphins viennent se jouer à la proue du navire en bandes innombrables, et, tout autour, le panorama varie, toujours plus admirable. Ici, le canal semble se fermer tout à fait entre deux caps de rochers qui descendent du haut de ces doubles montagnes.

Les eaux se déploient et tournent au-delà du cap de l'Europe, puis viennent s'élargir et se creuser en lac pour baigner les deux villes de Térapia et de Bouroukdéré. Du pied au sommet de ces caps, montent des fortifications à demi ruinées et s'élancent d'énormes tours blanches crénelées avec des ponts-levis et des donjons. Ce sont les fameux châteaux d'Europe et d'Asie d'où Mahomet II assiégea et menaça si longtemps Constantinople avant d'y pénétrer. Ils s'élèvent comme deux fantômes blancs du sein noir des pins et des cyprès. Les longs rameaux de lierre qui pendent sur leurs murs à demi ruinés, les rochers gris qui les portent, les grandes ombres qu'ils jettent sur les eaux qui s'arrondissent et s'étendent en un lac superbe, font de cet endroit un des points les plus caractéristiques du Bosphore, au dire de Chateaubriand.

Nous longeons Térapia, saluons les villas des ambassadeurs français, anglais et russe et cinglons vers Bouroukdéré, étrange petite ville qui s'étend sur le golfe formé par le Bosphore, au moment où il se coude pour se perdre dans la mer Noire. Un beau quai sépare les premières habitations de la mer. Nous y abordons.

Les costumes, le harnachement des chevaux, la forme des équipages, nous rappellent que nous touchons à la Russie ; quelques heures de traversée seulement nous séparent de la Crimée. A cette frontière du Bosphore les usages se fondent, les mœurs et les coutumes aussi. Il en résulte un mélange bizarre, une confusion incohérente de population dans laquelle trouvent un sûr refuge tous les malandrins, rebuts de l'Europe... Nous eûmes l'occasion de le constater.

Après le chapelet et la bénédiction dans la petite chapelle des Pères Cordeliers, nous nous promenions sur le quai avec le Père Blanchard et Mme S. G. attendant le retour du *Zig-Zag*. Penchées sur les eaux, nous faisions amples provisions de coquillages et de pierres aux couleurs diverses... Tout à coup un certain pressentiment nous fait tourner le visage... « Partons !... Partons !... — Pourquoi ?... — Regarde !... » Ces mots, échangés à la hâte, décidèrent promptement le départ... Nous prenons la fuite et courons à toutes jambes !..

Hélas ! nos mentors, que nous croyions tout près de nous, plongés dans une conversation très animée, s'étaient éloignés; deux hommes au regard terrible les suivaient de loin et nous cernaient à droite. A gauche, deux autres, Italiens ou Grecs, s'approchaient de nous. Un instant plus tard et nous étions perdues !... DIEU dans sa bonté ne le permit pas.

Il était impossible que nos compagnons pussent s'apercevoir du danger que nous courions, ces malfaiteurs le savaient bien... Quelques jours auparavant, on avait enlevé sur la même côte deux jeunes filles sous les regards de leur père. Heureusement, celui-ci eut le temps de reconnaître le numéro de la barque qui les emportait ; moyennant une forte rançon, on lui rendit ses filles.

Pareil malheur ne nous arriva pas, mais nos cœurs battaient bien fort lorsque nous pûmes rejoindre nos amis. Gagnant le port, nous nous embarquâmes enfin, suivant du regard avec anxiété les mouvements de ces gens horribles qui s'étaient rendus jusqu'auprès du bateau.

Enfin, la machine siffle, le *Zig-zag* fend les flots, le jour baisse. Un vent glacial ne nous empêche pas cependant de demeurer sur le pont...

La côte d'Asie, qu'une légère brume assombrit, déroule à nos yeux ses montagnes, ses gorges, ses vallons ; on y voit une variété de formes, de teintes de feuillage, de verdure, que le pinceau ne saurait jamais reproduire.

Les nuances varient constamment, mais ce ne sont pas surtout les détails qui nous enchantent. Ce qui nous plaît, c'est de naviguer au milieu de ce lac, et, les yeux fixés sur l'infini de la mer et l'infini des cieux, de méditer sur la grandeur et la puissance de cet admirable Créateur dont les œuvres sublimes doivent nous exciter à conquérir notre place dans ces autres horizons mille fois plus admirables qu'il nous a promis.

La nuit voile de son vêtement de deuil la côte asiatique et les palais d'Europe ; les cieux s'illuminent et nous distinguons les terrasses et minarets blancs de Scutari. Les navires se croisent plus nombreux, plus pressés; enfin nous touchons au pont, lieu où s'effectue le débarquement.

Quelques instants plus tard nous sommes à Sion, ravies de notre excursion, mais plus enchantées encore de retrouver nos Mères et notre logis après d'aussi poignantes émotions.

Chapitre trente-cinquième.

L'ORIENT-EXPRESS. — VIENNE.

Jeudi 9 mai.

A DEUX heures, Mme Allibe s'embarquera sur un Lloyd autrichien pour Smyrne et Beyrouth, et, deux heures plus tard, l'Orient-Express nous emportera à toute vapeur loin des grands souvenirs, mais à travers l'Europe, vers la patrie et la chère famille qui nous aime et nous attend.

Après avoir entendu la messe dans la pieuse chapelle du Pensionnat, fatiguées d'une nuit sans sommeil et souffrant beaucoup d'écorchures aux jambes, véritables plaies enflammées depuis la Galilée, nous nous étendons sur nos lits. A midi et demi, il fallut cependant songer au départ, et, coûte que coûte, s'y préparer.

A l'instant des adieux, les religieuses de Sion nous remirent à chacune un petit souvenir, précieux témoignage de leur cordiale hospitalité.

L'agent Cook est à la porte avec deux voitures. Mmes Terme et Allibe montent dans la première, nous les suivons dans l'autre. Descendant le « *Taxim* », la grande rue Péra, nous atteignons Galata. Mme Terme accompagne Mme Allibe sur le bateau. Nous l'attendons et avons le loisir de faire une dernière réflexion concernant l'effroyable population qui nous entoure. Ce peuple dégradé est capable des plus grands crimes... cette ville doit être à la veille de quelque grand châtiment.

Joseph de Maistre a dit : « La religion suffit seule, même

à un degré imparfait, pour exclure l'état sauvage ; partout où vous verrez un autel, là se trouve la civilisation. » Pour rendre ces Turcs, la plupart déserteurs de la religion du Prophète, véritablement sociables, il faudrait les convertir à la religion chrétienne.

Il est probable, hélas ! que de longs siècles s'écouleront sans amener aucun progrès. Un Père Cordelier nous disait : « Les missions sont très difficiles, presque toujours infructueuses. Les Turcs qui fréquentent encore les mosquées sont d'un fanatisme dépassant toute mesure. Les autres, trop ignorants, ne veulent point chercher à connaître ; ceux qui seraient portés à nous soutenir sont impuissants. »

La Providence ne cesse d'envoyer de sérieux avertissements au peuple rebelle : la peste, le feu, de récents tremblements de terre... Ce n'est point encore assez, et ces chantiers que nous traversons verront ces terribles massacres où le sang du juste et de l'injuste, coulant à flots, devra payer pour les crimes de cette population corrompue.

... On ne se lasse jamais de contempler une merveille ; en attendant l'heure du départ, la Révérende Mère nous propose de visiter une seconde fois la Grande Mosquée. Aucun détail ne nous échappe et nous conserverons longtemps le souvenir des magnificences de ce noble édifice.

Quatre heures du soir.

Les wagons-lits de l'Orient-Express sont loin d'être confortables, et on serait en droit de nous fourrer un quatrième voyageur dans cet étroit espace !

Enfin, on nous accorde de nous laisser à trois, mais je me prends à regretter nos cabines des Messageries !!

Pour deux sœurs tendrement unies, aux goûts sérieux, désireuses d'apprendre et de se perfectionner, traverser l'Europe en tête-à-tête avec un mentor aussi prudent que sage, aussi fort que vertueux, n'est-ce pas un rêve ? Oh ! c'en est un ! nos cœurs le savent, le comprennent, le goûtent avec délices !...

Andrinople, Philippopoli, Sofia, Nisch, Belgrade, Maria-

Thérésianopal, Buda-Pesth, Presbourg, telles sont les villes que nous allons traverser dans ces deux nuits et ce jour qui nous séparent de Vienne.

En Turquie, le paysage est monotone, des arbres courts et touffus bordent la voie, des feux sont allumés ; de distance en distance des factionnaires bien armés se tiennent contre les rails. Plusieurs fois déjà, des malfaiteurs ont arrêté l'Orient-Express pour dévaliser les voyageurs.

En Bulgarie, les champs sont cultivés. En Serbie, le paysage varie, la campagne est plus fraîche ; nous apercevons de hautes cimes neigeuses, ramification des Balkans. Nous remontons le cours de la Morava. A Belgrade, pour la première fois, nous contemplons le superbe Danube, dont les royales eaux baignent la capitale serbe, et l'entourent comme d'un anneau d'argent ou d'une nappe de cristal.

Après le dîner les fumeurs envahissent le salon ; nous prenons le parti de fuir dans notre compartiment. Mais les trois lits sont dressés..., plus de sofa ! coute que coûte il faudra nous endormir ce soir, à huit heures.

Cette nuit, arrêt à Buda-Pesth. Les Jumelles sont aux fenêtres causant à voix basse. La gare semble séparer les deux villes ; quelques instants après le train stoppe auprès du grand pont. Nous admirons ce chef-d'œuvre tout en fer forgé qui, à la lueur des réverbères, prend de gigantesques proportions.

Le jour vient ; il nous trouve debout... Voici Presbourg ; tout autour des prairies fertiles et verdoyantes, des forêts de charmes et de lilas. Que nous sommes loin des aridités de la Palestine !

Sept heures du matin ! Tous les voyageurs sont en mouvement : on se presse, on s'attend, on boucle les valises !... Nous nous emparons chacune de plusieurs paquets et traversons résolûment la gare de Vienne.

Kutscher... bitte bitte !... Nous voici installées dans un superbe équipage, qui nous emporte rapidement vers le pensionnat des Dames de Sion. La Supérieure nous reçoit avec grande bonté et nous offre d'assister à la messe. L'église paroissiale est en face du couvent.

Les prêtres n'ont pas de costume particulier ; ils ne portent pas la soutane. Après la messe le célébrant s'avance près de la Table sainte et asperge les fidèles avec le goupillon. Deux coussins en velours rouge, placés à droite et à gauche de l'autel, font l'office de porte-missel.

La Supérieure, Sœur Jean-Baptiste, tient à nous montrer elle-même les splendeurs de la capitale autrichienne.

Belles, elles le sont toutes, ces larges rues aux superbes demeures en pierre de taille. Une régularité parfaite a présidé à ces constructions, pleines à la fois d'unité et de majesté. Voici le Ring, magnifique boulevard qui entoure la cité avec ses riants bosquets et ses grands squares. L'église des Sept Protecteurs, « die Sieben Beschützer », est ornée d'un certain nombre de fresques.

Nous visitons, sur la grande place de « Votif-Kirche », la superbe basilique érigée comme ex-voto de la protection accordée par Dieu à l'empereur lors de l'attentat de 1789. Chaque pierre, chacune des décorations de cette église, est un don. Les détails sont remarquables : grilles du chœur, reliefs, sculptures, tout est d'une élégance, d'un fini merveilleux. Les vitraux rappellent les miracles des pèlerinages célèbres. Beaucoup sont pris en notre France ; Notre-Dame de Lourdes est honorée dans une chapelle spéciale.

Tout près de « Votif-Kirche » se trouve le splendide *Rathaus*, Hôtel-de-Ville. Nous parcourons les corridors, visitons la Salle des Rois où sont les magnifiques tableaux représentant les empereurs depuis Marie-Thérèse. Nous traversons la salle de bal et admirons les glaces et les vitres en véritable verre de Bohême, d'une surprenante limpidité. Du balcon la vue s'étend sur le « Ring » ; en face est le Burgshoftheater ; à gauche la place de Votif-Kirche ; à droite le Parlement et les Musées ; plus loin le palais de l'empereur, d'une étonnante simplicité architecturale.

Une heure et demie. Après un copieux repas auquel nous fîmes grandement honneur, la vénérable Supérieure nous conduisit à travers le jardin admirablement dessiné par un des artistes de l'empereur, au petit chalet qui devra cette nuit abriter notre sommeil. Nous gravissons l'escalier extérieur. Dans la chambre du kiosque, trois petits lits blancs sont préparés.

Longtemps, longtemps, Sœur Jean-Baptiste entretint la Révérende Mère... ; à deux pas d'elles, sur le balcon, Sœur Cyrilla, un livre de lecture à la main, nous donne une leçon d'allemand.

A quatre heures du soir, après un peu de repos, nous brûlons de nouveau le pavé de Vienne, dirigées par Sœur Cyrilla. Nous visitons la cathédrale Saint-Étienne (Stephans-Kirche). A chacun des piliers est adossé un petit autel ; autour se trouvent quatre statues. Tout est gothique, les voûtes sont gracieusement élancées, l'ensemble de très bon goût. De larges et longs vitraux laissent cependant au chœur une demi-teinte obscure, qui, je trouve, ne nuit jamais aux vastes édifices.

Nous traversons les quartiers élégants; machinalement on regarde notre équipage. Nos toilettes, toutes grisonnantes des émotions et des fatigues supportées en Palestine, n'ont point rajeuni au contact de la terre d'Europe. Non, il n'y a rien sur nous pour la mode de demain... Pauvres gens, cherchez ailleurs ; de brillants équipages nous croisent, remplis de personnes élégantes, couvertes de dentelles, de rubans et de fleurs.

Des tramways nous amènent à « Schœnbrünn ». Schœnbrünn, le Versailles austro-hongrois. Nous traversons les grandes allées ensablées, aux larges découpures de gazon vert, orné de massifs de lilas et de fusains dorés. Voici le palais. Nous sommes loin de la majesté du somptueux édifice de nos rois ; cependant la simplicité de la demeure impériale est presque de la grandeur.

Sur l'autre versant des bâtiments, nous parcourons ces

VIENNE. — LA CATHÉDRALE SAINT-ÉTIENNE.

merveilleuses avenues de tilleuls séculaires, ces charmilles, où de tous côtés surgissent de fantasques jets d'eau. Dans les serres nous admirons les palmiers et les mimosas en fleurs.

Un peu plus loin nous passons devant les cages des lions, des léopards et des tigres noirs.

A sept heures il nous faut quitter ces magnifiques jardins, une voiture nous ramène à Sion. Nous assistons au mois de Marie dans le pieux oratoire du Pensionnat.

Chapitre trente-sixième.

SALZBOURG. — RETOUR EN FRANCE.

12 Mai.

Sept heures du matin. Sœur Jean-Baptiste nous accompagne à la gare. Ce n'est point sans regret que nous quittons la superbe capitale autrichienne et le toit si hospitalier qui nous a accueillies !... L'express nous emporte... Adieu !... adieu !...

Penchées à la portière, nous jetons les regards sur les ravissantes collines qui avoisinent la cité. Des riantes vallées surgissent des coteaux verdoyants, portant clochetons et castels.

Ici le Danube sommeille sur un sable fin, là, il entraîne tumultueusement ses flots au fond d'une tranchée.

Amstetten... Amstetten.

Cinq minutes d'arrêt... Descente, course au buffet... et Magdeleine et Mathilde escaladent leur compartiment chargées de pains au jambon... Pour des appétits de voyageurs, ce que nous venons de rapporter n'est pas suffisant, nous nous proposons de compléter nos emplettes à la prochaine station.

Linz... Linz...

Dix minutes d'arrêt.

Les grands manteaux gris des pèlerines voltigent, effleurant employés et voyageurs.

Deux fois nous retournons au buffet, deux fois nous

renouvelons nos achats ; après les tranches de porc froid, le vin de Grave, l'eau de Guishübler, ce sont les oranges dont il faut nous munir.

Enfin tout y est, et nous montons dans ce compartiment de première que nous ne devons quitter qu'à Insprück, ce soir.

Dieu en avait jugé différemment. « Encore trois minutes d'arrêt, Messieurs les voyageurs. »

Ce fut notre perte ! Magdeleine fut dépêchée pour rapporter un Johanne.

Tout à coup retentit l'horrible cloche, signal du départ.

En vain nous appelons, crions, frappons des mains... Magdeleine ne revient pas. Le train part ! Oh ! je n'oublierai jamais cet instant d'angoisse !... Les wagons s'ébranlent, un agent retient ma pauvre sœur qui veut à tout prix monter... Elle nous suit des yeux les bras levés... une exclamation désespérée... et... plus rien !!!... Que va-t-elle devenir ?... Immédiatement entourée, questionnée, elle se retire au buffet. Un cordial la remettra de l'émotion première, elle s'ingéniera ensuite à trouver un train qui puisse la ramener bientôt à la première station.

A Wels on se retrouve, on s'embrasse, on se questionne. Tout un peuple de gens de service et d'Austro-Hongrois nous entoure. On s'était répété l'histoire.

Le très aimable chef de gare nous offre l'hospitalité de son petit jardin. Devant la rustique table en bois, sur des escabeaux branlants, nous prenons notre modeste repas.

Tous nos plans de voyage sont anéantis. Après trois heures d'attente il faudra nous résigner à prendre le train-omnibus. C'est ainsi que, sans l'avoir désiré, sans l'avoir prévu, nous visiterons Salzbourg, le bijou de la province qui porte ce nom.

A neuf heures du soir un superbe omnibus bleu-azur nous arrête au brillant Electricität, hôtel éclairé de mille feux. Nous prenons au restaurant une kugel-suppe, un beefsteack aux pommes et gagnons notre appartement. Émotions et fatigues sont oubliées dans un profond sommeil.

Lundi 13 mai.

Alexandre de Humbolt a dit :

« Les contrées de Salzbourg, de Naples, de Constantinople, sont les plus admirables du monde. » En effet, la cité de Salzbourg, noyée dans un parc verdoyant, dominée par les nobles donjons de sa forteresse crénelée et par les cimes neigeuses de ses montagnes, qui dans le lointain l'entourent, dépasse tout ce que l'imagination peut rêver de plus pittoresque et de plus poétique.

Salzbourg a gardé le type d'une ville du moyen âge. De petites rues étroites et propres, de hautes maisons, de longues fenêtres. Les dômes des belles églises et les clochetons émergent de tous côtés. Les Salzbourgeois s'honorent d'être les compatriotes de Mozart ; on ne peut faire un pas dans la ville sans rencontrer un monument, un souvenir qui rappelle quelque chose de l'inimitable musicien. Voici d'abord : « Mozarts' haus », la maison de Mozart ; puis la place Mozart. Un peu plus loin on indique au voyageur l'escalier où Haydn fut inspiré en entendant vibrer les cordes du violon sous les doigts de son filleul. Trois fois par jour le « Glockenspiel de Neubau » fait entendre quelques passages fameux des œuvres du sympathique artiste.

Sur la place du Dôme, nous admirons une fort belle statue de l'Immaculée-Conception, qui fut érigée avant la promulgation du dogme. En face s'élève le portail roman de l'église Saint-Pierre. Cette église est la reproduction en miniature de Saint-Pierre de Rome.

La très ancienne chapelle des Franciscains n'est pas moins intéressante à visiter ; l'abside est couverte de sculptures de la Renaissance.

Nous arrivons ainsi au fameux tunnel « Neuthor », creusé au XIIIe siècle avec ciseaux et marteaux. Ce tunnel a soixante mètres de longueur ; c'est le plus ancien de l'Europe.

Avec le funiculaire, on gravit en quelques instants la

colline de la forteresse « Hohen Salzbourg » ; au sommet de ses tours, on jouit du plus admirable des panoramas.

En bas, la petite ville s'étend avec ses places, ses jardins, son fleuve au cours rapide. Tout autour le cirque majestueux des cimes neigeuses avec ses gorges, ses roches sombres, ses forêts de pins. Puis le regard vient se reposer sur un lac qui scintille comme une nappe d'argent sur un gazon très fin.

Tout près de là s'élève le « Kapuzinerberg » ; à mi-côte, on aperçoit le chalet où Mozart conçut l'immortel Don Juan. Quelle âme d'artiste ne se sentirait pas inspirée devant de telles grandeurs ! C'est avec peine que nous nous détachons de ce magnifique tableau.

Nous visitons la forteresse. Les oubliettes, la cage murée, la chambre à supplice, parlent des cruautés qu'exerçaient parfois les seigneurs sur leurs vassaux. Les salles intérieures, en dehors du couloir des prisons, sont peu remarquables ; on les traverse rapidement.

Lundi après-midi.

Occupées à faire différents achats dans un magasin de spécialités, nous manquons le train de trois heures. Nous nous consolons de ce retard en nous promenant dans le « Kurpark » et le « Mirabellgarten », jardins publics qui touchent notre hôtel. Les habitants de Salzbourg ont la physionomie franche, le regard intelligent et froid, l'allure calme, mélancolique des habitants des montagnes.

Les femmes sont coiffées d'un très large ruban de soie noire, retombant en arrière jusqu'à la taille.

Peu d'hommes sont vêtus du joli costume en velours vert, mais la plupart portent le chapeau tyrolien en feutre vert ou brun, relevé d'une plume.

Sept heures du soir. Nous avons hâte de retourner en France. Salzbourg est notre dernière étape. A trois heures du matin l'express nous emporte vers la Patrie. Insprück, Landeck, Feld-Kirch, Zurich, Berne, Fribourg, Lausanne,

Genève sont les principales villes qui nous séparent de Lyon.

Le trajet de ce parcours est admirable. C'est d'abord Insprück et sa chaîne de montagnes qui s'élève en un gigantesque contrefort en arrière de la vallée de l'Inn. Puis, nous traversons l'Aarlberg. Des cascades s'écoulent d'une hauteur prodigieuse dans un abîme sans fond. Nous passons au-dessus du torrent sur un léger pont de fer élevé à plusieurs centaines de mètres... Deux ou trois étages de montagnes apparaissent séparés par des gorges nébuleuses. Le paysage change ; ici le fleuve charrie une forêt de bois de sapin ; plus loin, c'est un groupe de chalets dominés par le clocher vert, rouge ou brun de la petite église qui s'élève sur des rampes escarpées, ou, poétiquement, s'étend dans le cirque d'une vallée.

A Feldkirch nous apercevons le célèbre collège des Pères Jésuites. A Buchs sur la frontière, visite des douaniers.

Le paysage est moins sévère en Suisse ; les montagnes s'abaissent progressivement.

Zurich, deux heures d'arrêt. — Un bon cocher allemand nous fait parcourir la patrie de Zwingle. Nous traversons la Limmat et suivons quelques instants le bord du Lac. Les derniers reflets du crépuscule dorent la surface limpide qui s'étend immobile à perte de vue.

Afin d'arriver plus rapidement à Lyon, nous passerons la nuit en chemin de fer ; nous quittons Zurich à huit heures.

15 mai.

Le jour paraît à Lausanne. Nous pourrons contempler les sites charmants du lac de Genève, que nous suivrons d'un bout à l'autre.

Nous passons la frontière ! ! O lointaine Patrie, terre de France, nos cœurs ont tressailli à ton approche ! Ils chantent et la joie du retour et l'heureux temps des revoirs !

Genève.

« Lyon », « Oullins » ! Tout un cortège de Mères salue notre arrivée.

Lorsque le cœur est jeune, ardent, il recherche l'âme virile pour s'y reposer, s'y appuyer comme l'arbrisseau se penche sur l'arbre fort, afin de monter plus haut selon ses audacieux désirs. C'est pourquoi, quatre jours après, il nous fut si pénible de quitter la Révérende Supérieure, avec laquelle nous venions de passer trois mois de notre vie ! Mais, ô bonheur ! c'est vers le berceau de la famille que la vapeur nous emporte. A Joinville, nous tombons dans les bras d'une mère idéale, la personnification du sacrifice et du dévouement. Un sanglot vint couvrir de baisers humides les fronts des deux voyageuses, dont les cœurs aussi battaient bien fort ! ! A Donjeux apparaissent les champs, les prairies verdoyantes qui toutes ont leur nom, la petite rivière qui serpente humblement, le clocher grisâtre qui rappelle tant de pieux souvenirs ! Clocher de notre village, que de fois nous t'avons vu en rêve, n'espérant plus voir ta silhouette argentée ! !

Nous montons la grande côte, en descendons une autre, passons sur la chaussée ; encore un bond et nous sommes sur la hauteur. Le grand nid est là, toujours le même avec ses pierres grises et son grand air qui élève l'âme et inspire la poésie ! !

TABLE DES MATIÈRES.

TABLE DES GRAVURES.

www.ingramcontent.com/pod-product-compliance
Ingram Content Group UK Ltd.
Pitfield, Milton Keynes, MK11 3LW, UK
UKHW020208250726
13967UKWH00003B/1331

9 782012 948327